AF476686

BERN.

Wm. Adre. Ooster.
739

RECHERCHES

SUR

LES ANIMAUX FOSSILES.

RECHERCHES

SUR

LES ANIMAUX FOSSILES

PAR

L.-G. DE KONINCK, D. M.,

Docteur ès sciences, professeur ordinaire à l'Université de Liége, membre de l'Académie royale des sciences, des lettres et des beaux-arts de Belgique, membre honoraire de l'Académie royale de médecine de Belgique, membre des Académies royales de Munich et de Turin, des Sociétés géologiques de Londres, de Dublin, de Glasgow et de Berlin, de l'Association britannique pour l'avancement des sciences, de la Société royale des sciences de Liége, de la Société des sciences de Harlem, des Sociétés impériales des naturalistes de Moscou et minéralogique de Saint-Petersbourg, de la Société philosophique américaine de Philadelphie, de la Société philomatique de Paris, officier des ordres de Léopold et de l'Aigle rouge, chevalier de la Légion d'honneur, etc., etc.

DEUXIÈME PARTIE.

MONOGRAPHIE DES FOSSILES CARBONIFÈRES DE BLEIBERG EN CARINTHIE.

BRUXELLES

F. HAYEZ, IMPRIMEUR DE L'ACADÉMIE ROYALE DE BELGIQUE.

BONN

AD. MARCUS, LIBRAIRE.

1873

A LA MÉMOIRE

DE

WILHELM HAIDINGER.

HOMMAGE DE L'AUTEUR.

MONOGRAPHIE

DES

FOSSILES CARBONIFÈRES DE CARINTHIE.

INTRODUCTION.

Lorsque, en 1829, Adam Sedgwick et sir Roderick Murchison visitèrent ensemble la chaine des Alpes orientales, on était loin d'être d'accord sur la constitution géologique de cette grande formation. Par leurs recherches ils parvinrent à prouver qu'en partant d'un point de vue général, la structure en était d'une simplicité remarquable. Selon ces éminents géologues, l'axe principal de la chaine est formé de roches primaires en grande partie schistoïdes, recouvertes sur leurs flancs et sur leurs sommets, tant au nord qu'au sud, par deux grandes zones secondaires de nature calcareuse; celles-ci, à leur tour, servent de base à des grès, des conglomérats et des argiles tertiaires qui, en descendant, atteignent d'un côté, les hautes plaines du Danube supérieur et de l'autre, les plaines subapennines de l'Italie [1].

[1] *Trans. of the geol. Soc. of London*, 2nd ser., t. III, p. 305.

C'est en poursuivant l'étude de ces divers terrains que l'un des géologues anglais que je viens de citer (sir Roderick Murchison), accompagné du professeur Partsch, découvrit l'existence d'un nucleus de roches primaires au pied de la chaîne de la Leitha qui sert de limite entre l'Autriche et la Hongrie; mais ces roches ne leur ayant fourni que des fragments indéterminables de tiges de Crinoïdes, il leur fut impossible de fixer rigoureusement l'époque à laquelle elles appartenaient. En continuant leurs recherches sur le versant méridional de l'axe central, ils rencontrèrent en Carinthie des roches primaires précisément à l'endroit où, d'après la théorie qu'ils avaient conçue, elles devaient se trouver. Ces roches, composées de schistes et de psammites auxquels étaient subordonnés des lits de calcaire, étaient remplis de fossiles. Parmi les espèces qu'ils recueillirent eux-mêmes, ils reconnurent sans peine les *Productus giganteus* et *latissimus*, dont la présence, jointe à celle de quelques *Spirifer* et de fragments de Crinoïdes, leur démontra immédiatement qu'ils ne s'étaient pas trompés et qu'ils avaient devant les yeux un lambeau du terrain paléozoïque. L'importance de ce résultat de leurs observations ne leur échappa point; il leur permit de prouver d'une façon irrécusable que, contrairement à l'opinion généralement reçue jusqu'alors et partagée encore par eux-mêmes au moment de leur exploration, *les roches primaires avaient concouru à la formation des Alpes orientales.*

Si, par cette découverte inattendue, la question principale avait reçu une solution satisfaisante, l'époque géologique à laquelle appartenait le dépôt qui avait si heureusement contribué à la faire, en restait néanmoins encore à déterminer d'une manière rigoureuse. Il suffit de jeter les yeux sur quelques échantillons de roche recueillis en Carinthie, pour être persuadé qu'il était impossible d'arriver à cette détermination par leur facies général et leur composition minéralogique et que l'étude de leurs fossiles était l'unique moyen d'atteindre ce résultat.

Haidinger ne tarda pas à le comprendre, et, dans ce but, il fit recueillir avec soin les fossiles que l'on rencontre dans un banc schisteux qui traverse certaines exploitations minières de Bleiberg en Carinthie.

C'est ainsi que ce savant illustre, qui a su donner une si grande impulsion aux travaux géologiques de sa patrie, parvint à réunir dans les collections du Musée minéralogique impérial de Vienne, dont il fut le directeur, un nombre assez considérable de ces fossiles. Si l'on ne tenait compte que des caractères minéralogiques de la roche qui les renferme, on pourrait être tenté de croire que tous ces fossiles appartiennent à l'époque devonienne, tellement leur aspect est analogue; mais en examinant de plus près les espèces, on est bientôt convaincu qu'elles sont moins anciennes et qu'il n'y en a pas une seule qui ne provienne du terrain carbonifère.

Ces espèces me rappelèrent si bien, dans leur ensemble, la forme des assises supérieures de notre calcaire carbonifère, que je n'eus pas le moindre doute sur l'identité de l'âge géologique des deux formations.

C'est à cause de cette identité et de l'analogie des formes organiques que le Dr Hörnes et M. le chevalier de Hauër me firent l'honneur de me proposer, au nom de Haidinger, leur illustre maître, de me charger de la détermination et de la description des fossiles de Bleiberg. En acceptant ce travail, je ne me faisais aucune illusion sur les difficultés contre lesquelles j'aurais eu à lutter par suite du mauvais état de conservation dans lequel se trouvaient la plupart des échantillons.

Une étude patiente et comparée des espèces et la parfaite connaissance de leurs caractères, acquise par une longue expérience, me permettent d'espérer que je suis arrivé à les déterminer avec une assez grande exactitude.

Mais afin d'éviter les reproches qui auraient pu m'être adressés relativement à mes déterminations, j'ai eu soin de faire reproduire les échantillons dont je me suis servi, dans leur état naturel et avec le plus de précision possible. Cependant comme il eût été parfois très-difficile à certaines personnes de reconnaître ainsi l'espèce véritable, je me suis permis de faire figurer à côté de l'échantillon incomplet, un autre plus parfait recueilli dans une localité différente, et souvent même étrangère à l'empire autrichien.

Comme il me paraît inutile d'entrer dans de longs détails relativement aux caractères des espèces bien connues, je me bornerai à en indiquer les principaux et à renvoyer pour le reste aux auteurs qui me paraîtront les avoir le mieux compris, si toutefois je n'ai pas de nouvelles observations à présenter à leur sujet.

Quoique je n'attache qu'une bien faible importance à la manière de représenter les coquilles, pourvu que leurs figures soient rendues avec toute l'exactitude désirable, j'ai cru devoir suivre la méthode assez généralement adoptée en ce moment, qui consiste à les supposer placées dans leur station normale.

Je croirais manquer à mon devoir, si je négligeais d'exprimer publiquement toute la reconnaissance que je dois à Haidinger et au docteur Hörnes, savants dont l'Autriche déplore encore la perte et dont je tiens à honorer la mémoire, ainsi qu'à M. le chevalier F. de Hauër, pour l'obligeance et l'empressement qu'ils ont mis à me confier les fossiles du Musée impérial de minéralogie et à me fournir l'occasion de faire un travail qui aura pour résultat la détermination d'une partie, jusqu'à présent presque complétement inconnue encore, de la faune fossile de leur pays.

Je ne terminerai pas sans faire observer que ce travail qui a été commencé il y a plus de vingt ans, a été interrompu par des circonstances indépendantes de ma volonté, bien que les planches en aient été faites alors. Depuis ce temps la science a progressé, beaucoup d'erreurs ont été rectifiées et plus d'une détermination qui pouvait paraître exacte à cette époque, a dû être modifiée par suite des découvertes modernes.

Je regrette donc vivement que sans m'avoir consulté au préalable, M. Stur ait cru devoir insérer dans son ouvrage intitulé : *Geologie der Steiermark* (1), la liste des fossiles carbonifères de Bleiberg d'après mes planches, dont cependant aucun exemplaire n'est entré jusqu'ici dans le commerce, et qui, n'ayant reçu aucune publicité, ne pouvaient avoir aucune valeur scientifique. Tout en rendant hommage aux excellentes intentions du savant géologue autrichien, je me trouve, malgré moi, dans l'obligation de décliner la responsabilité de cette liste et de n'admettre comme authentique que celle qui sera donnée à la fin du travail actuel.

N'ayant pour but que l'avancement de la science et faisant abstraction de toute idée préconçue, je ne recherche que la vérité et par conséquent je n'éprouve aucune difficulté, ni aucune peine à modifier mes opinions toujours consciencieusement émises, à les conformer aux découvertes récentes rigoureusement établies et à reconnaître moi-même les erreurs que j'ai pu commettre.

(1) Graz, 1871, p. 142.

Liége, le 1er mars 1873.

DIVISION : I. — VEGETABILIA.

EMBRANCHEMENT : PLANTAE CRYPTOGAMEAE ACOTYLEDONEAE.

CLASSE : EQUISETINEAE.

ORDRE : CALAMARIEAE.

GENRE BORNIA, *F.-A. Roemer* (non *Sternberg*).

EQUISETITES et CALAMITES, *Auct.*

Ce genre a été établi par F.-A. Roemer pour quelques espèces ayant certains rapports avec celles du genre *Calamites*, dans lequel on les a souvent classées. Selon M. Schimper, les *Bornia* se distinguent des *Calamites* par leurs côtes interrompues, mais non alternantes avec celles des articulations contiguës; par leurs feuilles libres, une ou plusieurs fois dichotomes aux rameaux, à nervure médiane simple à la base, divisée vers le haut par ses épis ovoïdes elliptiques, à scutelles portant une cicatrice au centre de la face extérieure.

Le rhizome est diversement courbé, creux, à articulations renflées et très-rapprochées. Les cicatrices provenant de l'insertion des tiges se trouvent immédiatement au-dessous des articulations. La largeur et la plus ou moins grande convexité des côtes du moule interne de la tige sont très-variables. La sulcature de l'écorce est peu distincte, formée par des stries très-fines [1].

Parmi les nombreux débris de fossiles de Bleiberg qui m'ont été confiés, je n'ai

[1] SCHIMPER, *Traité de paléontologie végétale*, t. I, p. 334. 1869.

rencontré qu'un petit nombre d'échantillons d'une empreinte végétale qui tous appartenaient à la même espèce. M. Schimper a eu l'obligeance de déterminer cette espèce et a reconnu qu'elle était identique à celle que M. Brongniart a le premier désignée sous le nom de *Calamites radiatus,* et qui a servi de type à l'établissement du genre auquel elle appartient.

BORNIA RADIATA, *A. Brongniart.*

(Pl. I, fig, 1.)

	Volkmann, 1720. *Silesia subterranea,* pl. 7, fig. 2.
CALAMITES RADIATUS.	Ad. Brongniart, 1828. *Hist. des végét. foss.,* p. 122, pl. 26, fig. 1 et 2.
— TRANSITIONIS.	Göppert, 1841. *Uebers. der foss. Flora Schlesiens, in Wimmer's Flora Siles.,* p. 197.
— CANNAEFORMIS.	F. A. Roemer, 1843. *Verstein. des Harz-Gebirges,* p. 2, pl. 1, fig. 7.
— TRANSITIONIS.	Unger, 1845. *Syn. plant. fossil.,* p. 23.
— —	Bronn, 1848. *Nomencl. palaeont.,* p. 199.
BORNIA TRANSITIONIS.	F. A. Roemer, 1850. *Palaeontographica von Dunker u. H. v. Meyer,* t. III, p. 45, pl. 7, fig. 8.
CALAMITES CANNAEFORMIS.	F. A. Roemer, 1850. *Ibid.,* p. 45, pl. 7, fig. 4.
— TRANSITIONIS.	v. Ettingshausen, 1851. *Haindinger's Naturhist. Abhandl.,* t. IV, p. 80.
— —	Göppert, 1852. *Die fossile Flora des Ueberg.,* p. 116, pl. 3, 4, 10 u. 29.
— VARIOLATUS.	Göppert, 1852. *Ibid.,* p. 124, pl. 5.
— OBLIQUUS.	Göppert, 1852. *Ibid.,* p. 124 et 262, pl. 5.
— TRANSITIONIS.	Geinitz, 1853. *Die Versteiner. der Grauwackenf. in Sachsen,* t. II, p. 83, pl. 18, fig. 6 u. 7.
— —	Geinitz, 1854. *Darstell. der Flora des Hainis. Ebersdorfer und der Flœhaer Kohleng.,* p. 30, pl. 1, fig. 2-7.
SPHAENOPHYLLUM FURCATUM.	Geinitz, 1854. *Ibid.,* p. 36, pl. 1, fig. 10-12 (Rhizomes).
CALAMITES RADIATUS.	Unger, 1856. *Gener. et spec.,* p. 44.
SPHAENOPHYLLUM FURCATUM.	Göppert, 1860. *Nova acta Acad. nat. cur.,* p. 474.
CALAMITES TRANSITIONIS.	d'Eichwald, 1860. *Lethaea rossica,* t. I, p. 166, pl. 13, fig. 1.
— —	Dawson, 1861. *Canadian Naturalist,* t. VI, p. 168, fig. 5.
— —	Dawson, 1862. *Quart. journ. of the geol. Soc. of London,* t. XVIII, p. 309.
— —	R. Richter, 1864. *Zeitsch. der deuts. geolog. Gesells.,* t. XVI, p. 166, pl. 4, fig. 2[b], pl. 5, fig. 7 u. pl. 6, fig. 1-7.
— —	v. Ettingshausen, 1865. *Fossile Flora des Mähr.-Schlesis. Dachschiefer,* p. 10, pl. 1-4.
— DISTRIATUS.	Lesquereux, 1868. In H. D. Rogers *Geology of Pennsylvania,* t. II, part II, p. 850, pl. 2, fig. 1.
— TRANSITIONIS.	Dawson, 1868. *Acadian Geology,* 2nd edit., p. 537, fig. 186.
— VOLTZII (with roots).	Dawson, 1868. *Ibid.,* p. 194.
BORNIA RADIATA.	Schimper, 1869. *Traité de paléont. végét.,* t. I, p. 335, pl. 24, fig. 1-10.
CALAMITES TRANSITIONIS.	F. A. Roemer, 1870. *Geologie von Oberschl.,* p. 54, pl. 4, fig. 1-3.
— RADIATUS.	Heer, 1870. *Fossile Flora des Bären-Insel* (Kongl. Vet. Akad. Förhandling., 1871, p. 32, pl. 1-6).

Cette espèce est caractérisée par ses feuilles libres; les feuilles de la tige sont simples et courtes, tandis que celles des rameaux et des ramules sont très-longues, plusieurs fois dichotomes et à lobes linéaires. Le nombre et la largeur des côtes du *B. radiata* varie beaucoup et dépend, en grande partie, de l'âge et de la dimension des individus. Tous les échantillons de Bleiberg sont privés de leur écorce et leurs côtes sont ornées de fines stries longitudinales que l'on remarque également sur le *Calamites bistriatus* de M. Lesquereux, lequel n'est probablement qu'une variété de la même espèce.

Gisement et localités. — Selon M. Schimper, cette espèce est caractéristique pour les couches supérieures du terrain devonien et pour le terrain carbonifère, en y comprenant la partie inférieure du terrain houiller. Elle se rencontre dans le psammite ou grauwacke supérieur de la vallée de Thann (Vosges supérieures) et dans la formation correspondante de Badenweiler (Forêt noire supérieure); dans le carbonifère de la Silésie et de la Saxe; dans les étages du Kulm de la Moravie, de la Thuringe et de la Hesse supérieure, du pays de Nassau près de Herborn, de Klausthal, Grund et Lautenthal dans le Harz; dans le calcaire carbonifère de Petrowskaja, gouvernement de Kharkow en Russie; dans les schistes et grès devoniens de St-Jean (St-John-Rocks), au Canada (Dawson), et dans les assises inférieures du terrain houiller des États-Unis et de la Belgique; elle a été découverte dans l'ampélite des environs de Samson, près Namur, appartenant à cette dernière formation, par l'abbé Coemans que la mort est venu surprendre au moment où il allait recuillir le fruit de ses nombreuses recherches et des peines qu'il s'était données pour rassembler une magnifique collection de plantes fossiles. J'ai eu l'occasion d'en constater l'existence dans le schiste houiller qui recouvre immédiatement le calcaire carbonifère aux environs de Visé.

II. — ANIMALIA.

DIVISION : COELENTERATA.

CLASSE : POLYPI.

ORDRE : ZOANTHARIA.

SECTION : RUGOSA.

FAMILLE : CYATHOPHILLIDAE.

GENRE ZAPHRENTIS, *Raffinesque* et *Clifford*.

Ce genre, dont les caractères se rapprochent tellement de ceux du genre *Amplexus*, qu'il est quelquefois très-difficile de décider auquel des deux il faut rapporter certaines espèces intermédiaires. Cette difficulté que j'avais déjà eu l'occasion de constater depuis longtemps, m'a fait exprimer l'opinion que les *Zaphrentis* ne sont en définitive que « des *Amplexus* dont la fossette septale est plus marquée et dont les planchers sont plus complétement couverts de cloisons [1]. »

Tout récemment encore, j'ai été raffermi dans cette idée, par l'examen d'un grand nombre d'échantillons de Polypes carbonifères de la collection de mon savant ami M. James Thomson de Glasgow, qui est l'un des membres les plus actifs du comité auquel l'Association britannique pour l'avancement des sciences a confié le soin de recueillir les Polypes carbonifères de l'Angleterre, d'en faire des sections et de les reproduire à l'aide de la photographie.

[1] Consulter: *Nouvelles recherches sur les anim. foss. du terrain carbonifère de la Belgique*, Ire part., p. 81; 1872. On trouvera dans ce travail la description des deux genres et leur synonymie.

L'étude de diverses sections transverses d'un échantillon de grande taille m'a surtout vivement intéressé. J'ai pu m'assurer que le calice et la moitié supérieure de cet échantillon possèdent tous les caractères des *Zaphrentis,* tandis que la structure observée sur les sections de sa moitié inférieure ne permettent pas de le séparer des *Amplexus*.

ZAPHRENTIS INTERMEDIA? *L. G. de Koninck.*

(Pl. 1, fig. 2.)

ZAPHRENTIS CORNUCOPIAE. Milne Edw. et J. Haime, 1851. *Polyp. foss. des terr. paléoz.*, p. 331, pl. 5, fig. 4 (non *Caninia cornucopiae*, Michelin).

— INTERMEDIA. L. G. de Koninck, 1872. *Nouvelles rech. sur les fossiles du terr. carb. de la Belgique*, part. 1, p. 99, pl. 10, fig. 4.

Je n'oserais pas affirmer avec certitude que le *Zaphrentis,* dont je n'ai pu examiner que quelques empreintes produites par le creux du calice, doive se rapporter à l'espèce décrite par M. Milne Edwards et J. Haime sous le nom de *Zaphrentis cornucopiae*, espèce qu'il ne faut pas confondre avec celle décrite par Michelin sous le même nom; cependant de toutes les espèces que j'ai eu l'occasion d'y comparer, c'est celle dont le calice s'en rapproche le plus par la forme ovale et par le nombre et la disposition des cloisons.

Dans l'échantillon belge représenté par les figures 2*b* et 2*c*, et légèrement grossi, le nombre des cloisons principales est de trente-deux ; elles alternent avec un nombre égal de cloisons secondaires, ce qui est aussi le cas pour le moule de l'échantillon de Carinthie. Les cloisons principales atteignent le centre du calice, tandis que les autres n'ont qu'un peu plus de la moitié de cette étendue.

Division : ECHINODERMATA.

Classe : CRINOIDEA.

(Pl. 1, fig. 6, 7, 8, 9 et 10.)

Il ne paraît pas que jusqu'ici on ait découvert à Bleiberg des sommets de Crinoïdes. Ces animaux y sont sans doute d'une grande rareté, puisque, parmi les nombreux fossiles que j'ai eus sous les yeux, je n'ai trouvé que quelques fragments de tige, appartenant au moins à quatre espèces et à deux genres différents. J'en ai fait représenter les principaux sous les figures 6, 7, 8, 9 et 10 de la planche 1. Les échantillons qui portent les n[os] *6a*, *6b*, *6c*, *7a* et *7b*, appartiennent probablement au genre *Poteriocrinus*. Il ne serait pas impossible que les autres fussent des fragments de tiges d'*Actinocrinus*. C'est tout ce que je puis en dire.

Division : MOLLUSCA.

Classe : POLYZOA.

Famille : SPARSIDAE.

Genre ARCHAEOPORA, *d'Eichwald.*

1. ARCHAEOPORA NEXILIS, *L.-G. de Koninck.*

(Pl. 1, fig. 4.)

Quoique le genre *Archaeopora* ne soit pas fort nettement défini, c'est néanmoins le seul auquel je puisse rapporter cette espèce. Elle forme de petites colonies incrustantes, ressemblant à un réseau à mailles ovales (oscules), peu différentes entre elles, produites par les anastomoses des rayons ou rameaux qui ont un point de départ sensiblement central et s'étendent successivement tout autour. Les rameaux sont lisses et percés d'un grand nombre de petits pores, ressemblant à des piqûres d'épingle dont six à huit entourent chaque oscule.

Rapports et différences. — Cette espèce ressemble par sa forme générale à l'*Archaeopora radians* d'Eichwald; mais les oscules de celui-ci sont plus allongées et leurs bords sont légèrement crénelés, tandis que le contour en est parfaitement régulier dans l'*A. nexilis.*

Gisement et localités. — Ce petit *Archaeopora* paraît être d'une grande rareté dans les assises carbonifères de Bleiberg. Je n'en connais que deux petites colonies incrustant le même fragment de tige d'un *Poteriocrinus* et dont la plus grande n'atteint pas un centimètre de diamètre. Un échantillon parfaitement semblable à celui-ci, mais mieux conservé, m'a été communiqué par M. J. Thomson de Glasgow; il provient du calcaire carbonifère des environs de cette ville.

GENRE FENESTELLA, *Miller.*

1. FENESTELLA PLEBEIA, *Mc Coy.*

(Pl. I, fig. 3.)

FENESTELLA	FLABELLATA.	Portlock, 1843. *Rep. on the geol. of the County of Londond., Ferman. and Tyrone*, p. 524, pl. 22, fig. 1, et pl. 22*a*, fig. 4 (non Phill.).
—	PLEBEIA.	Mc Coy, 1844. *Syn. of the carb. foss. of Ireland*, p. 203, pl. 29, fig. 3 (non Geinitz, *Carbonf. u. Dyas in Nebraska*).
—	—	A. d'Orb., 1850. *Prodr. de paléont. stratigr.*, t. I, p. 152.
—	—. (partim).	Morris, 1854. *Catal. of brit. foss.*, 2nd edit., p. 123 (non Mc Coy).
—	VIRGOSA.	d'Eichwald, 1859. *Lethaea rossica*, t. I, p. 358, pl. 23, fig. 9.
—	PLEBEIA.	Ludwig, 1862. *Zur Palaeontologie des Urals*, p. 46, pl. 18, fig. 2.
—	DEVONICA.	P. Semenow et v. Möller, 1864. *Bull. de l'Acad. imp. de St-Pétersb.*, t. VII, p. 253, pl. 3, fig. 16.
—	PLEBEIA.	Kirkby, 1862. *Ann. and Mag. of nat. Hist.*, 3th ser., t. X, p. 204, pl. 4, fig. 14, 15 et 18.
—	—	Armstrong, 1871. *Trans. of the geol. Soc. of Glasgow*, t. III, suppl., p. 34.

Colonie à branches très-étroites, souvent dichotomes et ayant une direction sensiblement parallèle. Ces branches, dont l'ensemble possède la forme d'un large entonnoir [1], ne sont séparées les unes des autres que par une distance égale par leur largeur; elles sont reliées entre elles par des poutrelles disposées à angle droit et encore moins larges qu'elles; ces poutrelles alternent entre elles et donnent lieu

[1] J'ai pu constater cette forme sur un échantillon presque complet de cette espèce provenant du calcaire carbonifère de Visé.

à des oscules ayant la forme d'un parallélogramme dont les grands côtés ont à peu près trois fois la longueur des petits, formés par les bords des poutrelles transverses. La surface antérieure et supérieure des branches est garnie d'une côte médiane peu sensible, sur les côtés de laquelle se remarquent les séries porales, dont les ouvertures non marginées sont parfaitement circulaires et disposées en quinconce; quatre ou cinq de ces ouvertures occupent la longueur de la branche comprise entre deux poutrelles transverses. La surface postérieure ou inférieure des branches est ornée de petites côtes longitudinales assez irrégulières (voir pl. I, fig. 3*b*) et très-peu apparentes.

Rapports et différences. — L'extrême ténuité de ses branches et l'absence des bourrelets autour de ses pores caractérisent suffisamment cette espèce pour la faire distinguer immédiatement de ses congénères appartenant au même terrain. M. Morris parait avoir confondu avec elle la *Fenestella* devonienne, décrite par M. Phillips sous le nom de *F. antiqua* et figurée par lui pl. XII, fig. 35*g* dans son ouvrage intitulée : *Palaeozoïc fossils of Cornwall,* etc. Il suffit de comparer la figure donnée par M. Phillips avec celle publiée par Mc Coy pour se convaincre qu'elles ne peuvent pas se rapporter à la même espèce.

Il en est tout différemment de la *Fenestella devonica* de MM. Semenow et von Möller, que ces savants ont ainsi nommée dans la persuasion dans laquelle ils se trouvaient que la roche qui la leur a fournie, appartenait au terrain devonien; mais pour peu que l'on soit familiarisé avec la faune des divers terrains paléozoïques, il suffira de jeter un coup d'œil sur les planches qui accompagnent le mémoire des géologues russes, pour se convaincre que les fossiles qu'elles représentent, sont des espèces carbonifères; on en sera bien mieux persuadé encore en joignant à ces espèces celles figurées et décrites peu de temps auparavant par Auerbach, et provenant des mêmes couches et des mêmes localités. Les détails qu'ils ont figurés démontrent que leur *Fenestella* ne diffère en rien de la *F. plebeia* Mc Coy et doit être identifiée avec celle-ci.

Gisement et localités. — Quoique la *F. plebeia* soit assez commune dans le calcaire carbonifère supérieur des environs de Cork et de Dublin, en Irlande, et de Glasgow en Écosse, ainsi que dans celui du Derbyshire et du Yorkshire, elle paraît être rare dans les couches de Bleiberg, d'où il ne m'a été communiqué que le seul échantillon que j'aie fait figurer. Elle est également très-rare à Visé et dans l'Oural.

GENRE DIPHTHEROPORA [1], *L.-G. de Koninck.*

Colonie fixe ? à sa base, composée de lames minces, allongées, de forme peu régulière. Chaque lame est composée de deux séries de cellules oblongues, directement adossées l'une à l'autre. Les ouvertures de ces cellules qui forment légèrement saillie au dehors, sont disposées assez régulièrement en quinconce de chaque côté des lames.

Rapports et différences. — Ce genre a tant de rapports avec le genre *Berenicea*, que je l'avais d'abord confondu avec lui. Mais en examinant avec soin les caractères de l'espèce pour laquelle j'ai cru devoir le créer, je me suis aperçu qu'il se trouvait des ouvertures porales sur chacune de ses faces, tandis que chez les *Berenicea* il n'y a que la surface externe qui en soit garnie. D'ailleurs ceux-ci ne forment que des colonies rampantes et complétement parasites, tandis que les colonies des *Diphtheropora* ne sont probablement fixées que par leur base. Par ces caractères mon nouveau genre se rapproche encore du genre *Mesenteripora* de Blainville ; il s'en distingue par l'absence de la lame médiane qui, dans celui-ci, sépare les deux couches de cellules dont les colonies sont composées. C'est à côté de ce dernier genre que les *Diphtheropora* doivent trouver leur place dans la méthode.

L'espèce suivante est la seule de ce groupe qui me soit connue en ce moment.

DIPHTEROPORA REGULARIS, *L.-G. de Koninck.*

(Pl. I, fig. 5) [2].

Colonie en lame mince, se dilatant en forme d'éventail dont les pores sont très-petits, à bords légèrement saillants, surtout à leur partie supérieure. Ces pores, qui sont circulaires et assez régulièrement disposés en quinconce, font, par leur saillie, ressembler la surface de la lame à celle d'une râpe ordinaire. J'ai pu compter sur une longueur d'environ un centimètre, vingt-trois à vingt-cinq lignes de pores alternant entre eux.

[1] De διφθέρα, pellicule et πορος, pore.

[2] Le lithographe a négligé de reproduire exactement le nombre de lignes porales, qui est trop faible dans la figure grossie.

Rapports et différences. — Cette espèce a quelque ressemblance avec le *Diastopora labiata,* de Keyserling (¹); mais elle s'en distingue facilement par le nombre plus restreint de ses pores et par son libre développement, tandis que l'espèce russe est incrustante et n'est garnie de pores qu'à l'une de ses surfaces.

Gisement et localité. — Cette espèce n'a encore été trouvée que dans le terrain carbonifère de Bleiberg. Elle y est très-rare.

Classe : BRACHIOPODA (²).

Famille : PRODUCTIDAE.

Cette famille se compose actuellement de cinq groupes ou genres connus sous le nom de *Aulacorhynchus, Chonetes, Strophalosia, Aulosteges* et *Productus.*

Les affinités de ces trois derniers sont tellement grandes, qu'il est très-difficile d'assigner à chacun une limite convenable et d'affirmer avec certitude que certaines espèces appartiennent plutôt à l'un qu'à l'autre de ces groupes. La conformation intérieure des valves et surtout celle de la valve dorsale est tellement semblable dans tous, qu'il me semble difficile que les divisions proposées puissent avoir l'importance que l'on attribue généralement aux groupes génériques. Plus que jamais, je suis porté à admettre que les *Strophalosia* et les *Aulosteges* ne sont que de simples modifications des *Productus,* ainsi que je l'ai soutenu déja en 1847 (³), et ne doivent être admis qu'à titre de section ou de sous-genre. Mon savant ami, M. Davidson, qui a fait de l'étude des Brachiopodes l'unique préoccupation de toute sa carrière scientifique, est entièrement de mon avis.

Les genres *Chonetes* et *Productus* proprement dits sont les seuls de cette famille qui aient des représentants dans les couches carbonifères de la Carinthie.

(¹) Schrenck, *Reise durch die Tundren der Samoïeden,* t. II, p. 102, pl. II, fig. 13, 14 et 15.

(²) L'ordre qui a été suivi dans la classification des Mollusques conchifères est celui dont a fait usage S. P. Woodward, dans son *Manuel de Conchyliologie.* Paris, 1870.

(³) Voir ma *Monographie des Productus et des Chonetes.*

GENRE PRODUCTUS, *Sowerby*.

Depuis la publication de ma Monographie de ce genre, plusieurs auteurs se sont occupés de l'organisation probable des espèces qui s'y rapportent et ont contribué à modifier les idées qui étaient assez généralement reçues il y a vingt-cinq ans et dont, à cette époque, je crois avoir suffisamment fait connaître le résumé. Je me bornerai à exposer ici brièvement les principales de ces modifications, parce que j'aurai bientôt l'occasion d'y revenir avec plus de détail. Elles portent surtout sur la signification des diverses empreintes et reliefs dont on observe la présence sur la surface interne des valves.

Les valves des *Productus* proprement dits sont rarement articulées et la plupart des espèces sont privées d'aréa. Cependant cette absence n'est pas absolue et ne peut être invoquée comme caractère constant. Il existe des espèces qui, par tous leurs autres caractères, sont de vrais *Productus*, et dont tous les échantillons sont garnis d'une aréa : tel est le *P. Llangollensis* Dav. On en rencontre d'autres dont quelques échantillons seulement font exception et possèdent une aréa plus ou moins prononcée, ainsi que cela a été observé par M. Davidson pour le *Productus semireticulatus* (1) et que le prouve l'échantillon de *P. punctatus* représenté pl. I, fig. 19*b* de ce travail. Toutefois, en présence ou en l'absence d'aréa ou d'articulation régulière, il est hors de doute que la valve dorsale des *Productus* doit avoir basculé sur son bord cardinal, avec autant de précision que pouvaient le faire celles des espèces le mieux articulées.

L'interieur de la grande valve, généralement désignée sous le nom de *valve ventrale*, est toujours concave, mais la profondeur en est très-variable. On y observe généralement une cloison médiane plus ou moins bien prononcée, ayant son origine vers le crochet et s'étendant jusque vers le milieu de la longueur de la valve. Cette lame sépare l'une de l'autre deux fortes empreintes musculaires, plus ou moins allongées, ramifiées ou dendroïdes, ayant servi de points d'attache aux muscles adducteurs. Sur le côté ou immédiatement en dessous de celles-ci, existent des empreintes plus ou moins profondes, longitudinalement striées et de forme subquadrangulaire produites par l'attache des muscles cardinaux. Les muscles correspondant à ceux du pédoncule semblent avoir fait défaut ou se sont confondus avec les précédents.

(1) DAVIDSON, *Monogr. of the brit. carb. Brach.*, pl. XLIII, fig. 5.

Chez quelques espèces dont le test est épais, comme chez le *P. giganteus*, les valves ventrales sont munies en avant de deux cavités bien marquées dont le fond porte quelquefois les marques d'une spire qui ne peuvent être produites que par les bras dont ces espèces ont été garnies.

Il est à remarquer que les diverses cavités ou empreintes n'influent en rien sur la régularité de la surface extérieure de la coquille.

La surface interne de la valve dorsale est plus ou moins convexe. Du milieu de son bord cardinal surgit un processus bilobé ou trilobé dont l'extrémité supérieure possède des surfaces striées qui ont servi de points d'attache aux muscles cardinaux. Ce processus cardinal est soutenu par une lame médiane qui s'allonge jusque vers la moitié de la longueur de la valve ou même un peu au delà. De chaque côté de cette lame on observe les empreintes ramifiées ou dendroïdes qui appartiennent aux muscles adducteurs antérieur et postérieur, mais souvent tellement rapprochées qu'il est presque impossible de les distinguer l'une de l'autre. En dessous de ces empreintes musculaires existe quelquefois une petite proéminence qui, selon l'avis de S. P. Woodward, aurait servi de point d'attache aux bras spiraux et à laquelle vient aboutir l'extrémité de l'empreinte réniforme ou vasculaire, située un peu en dessous et sur les côtés des empreintes musculaires.

A l'exception de la surface de l'empreinte réniforme, le reste de la surface interne de la valve dorsale est plus ou moins rugueux et souvent même en partie garni de granulations qui, dans certains cas, se transforment en de véritables épines de dimensions très-variables.

L'étude microscopique du test faite par M. le Dr Carpenter a prouvé que, de même que celui de beaucoup d'autres Brachiopodes, ce test est perforé et que, lorsque l'espèce est garnie de tubes ou d'épines, les perforations s'y continuent.

Les espèces que je suis parvenu à déterminer parmi les *Productus* recueillis à Bleiberg, sont au nombre de douze.

Je me bornerai à en rappeler ici les principaux caractères; on en trouvera une description plus détaillée et une synonymie plus complète, dans ma *Monographie des genres Productus et Chonetes.*

I. — PRODUCTI STRIATI.

—

1. — PRODUCTUS GIGANTEUS, *Martin.*

(Pl. I, fig. 12.)

ANOMITES GIGANTEUS.	Martin, 1809. *Petrif. Derb.*, p. 6, pl. 15, fig. 1.
PRODUCTUS GIGANTEUS.	J. Sowerby, 1822. *Min. conch.*, t. IV, p. 19, pl. 320.
— —	L.-G. de Koninck, 1847. *Recherches sur les anim. foss.*, t. I, p. 34, pl. 2, fig. 1, pl. 3, fig. 1, pl. 4, fig. 1 et pl. 11, fig. 8.
— —	W. King, 1850. *Monogr. of the permian foss. of Engl.*, pl. 19, fig. 2, 4 et 5.
— —	v. Semenow, 1854. *Ueber die Foss. des Schlesis. Kohlenk.*, p. 37.
— —	Morris, 1854. *Cat. of brit. foss.*, p. 144.
— —	Mc Coy, 1855. *Brit. palaeoz. foss.*, p. 463.
— HEMISPHAERICUS.	Mc Coy, 1855. *Ibid.*, p. 464.
— —	T. Davidson, 1859. *The Geologist.*, t. II, pl. 3.
— —	d'Eichwald, 1860. *Lethaea rossica*, t. I, p. 901.
— EDELBURGENSIS.	d'Eichwald, 1860. *Ibid.*, p. 902.
— GIGANTEUS.	v. Grünewaldt, 1860. *Mém. de l'Acad. impér. de St-Pétersb.*, 7me série, t. II, p. 113.
— —	T. Davidson, 1860. *Monogr. of the carb. Brach. of Scotl.*, p. 35, pl. 5, fig. 1, 2, 3 et 4.
— —	T. Davidson, 1861. *Monogr. of the brit. Brach.*, p. 141, pl. 37, fig. 1-4, pl. 38, fig. 1, pl. 39, fig. 1-5 et pl. 40, fig. 1-3.
— —	Armstrong, 1871. *Trans. of the geol. Soc. of Glasgow*, t. III, suppl., p. 39.

Ainsi que je l'ai fait remarquer dans la description détaillée que j'en ai donnée, cette espèce se distingue de la plupart de ses congénères non-seulement par sa taille, mais encore par l'étendue et la forme de ses oreillettes.

Elle est généralement transverse et sa plus grande largeur correspond à l'étendue du bord cardinal. Ce bord porte rarement des traces d'aréa, mais lorsque celle-ci existe, c'est toujours la valve ventrale qui en est pourvue. Quoique le crochet de cette valve soit bien développé et assez fortement recourbé, il ne s'étend jamais au delà de la ligne cardinale.

La surface de l'une et de l'autre valve est couverte d'un grand nombre de côtes rayonnantes, ordinairement un peu flexueuses, mais dont l'épaisseur varie plus ou moins avec l'âge et la taille de l'échantillon. Ces côtes sont fréquemment interrompues par des aspérités qui ont servi de base à des prolongements tubulaires, spiniformes; elles se multiplient soit par bifurcation, soit par interposition, souvent même elles s'arrêtent dans leur développement et semblent disparaître sous les côtes adjacentes.

Chez les individus adultes le test de la valve ventrale est ordinairement très-épais, tandis que celui de la valve opposée reste assez mince.

Parmi les échantillons de Bleiberg que je rapporte à cette espèce, celui que j'ai représenté pl. I, fig. 12*b*, et qui consiste en un moule de la surface externe d'un jeune individu, est remarquable par le grand nombre de petites pointes ou épines dont cette surface a été hérissée et qui ont laissé des traces dans la matrice qui a enveloppé la coquille.

Le second échantillon (pl. I, fig. 12*a*) possède la forme et la taille de la variété que l'on rencontre avec une telle abondance dans certaines parties du calcaire de Craven, en Yorkshire, que la roche semble uniquement composée de ses débris; c'est la variété dont J. Sowerby a fait une espèce sous le nom de *P. hemisphaericus* et c'est sous ce nom que M. Sedgwick et sir Roderick Murchison la désignent dans leur travail sur la constitution géologique des Alpes orientales ([1]).

Gisement et localités. — Cette espèce est ordinairement très-abondante dans les roches dans lesquelles on la rencontre. Elle existe dans certaines couches du calcaire de Visé, des environs de Glasgow et d'un certain nombre de localités du Yorkshire; dans le calschiste de Silésie et notamment à Hausdorf, à Silberberg, à Neudorf et à Altwasser. Dans toutes ces localités elle caractérise les assises supérieures du terrain carbonifère et se trouve toujours à un horizon supérieur à celui auquel on observe l'existence du *Spirifer mosquensis.*

En Russie, au contraire, où ce *Productus* n'est pas moins abondant, il se trouve le plus souvent à un étage inférieur à celui qui renferme ce même *Spirifer mosquensis,* et quelquefois même il lui est associé (aux environs de Roubajenoye, dans le pays des cosaques du Don, d'après M. d'Eichwald).

Il est assez remarquable que cette espèce n'ait pas encore été signalée en Amérique, ce qui me porte à croire que les assises du calcaire carbonifère supérieur, si bien développées en Belgique et surtout en Angleterre et en Écosse, font défaut dans le nouveau monde, malgré l'immense étendue qu'y occupe le terrain dont ce calcaire fait partie.

([1]) *Trans. of the geol. Soc. of London,* 2nd ser , t. III, p. 507.

2. — PRODUCTUS LATISSIMUS, *J. Sowerby.*

(Pl. I, fig. 13.)

PRODUCTUS LATISSIMUS.	J. Sowerby, 1822. *Min. conch.*, t. IV, p. 32, pl. 330.
— —	L.-G. de Koninck, 1847. *Rech. sur les anim. foss.*, t. I, p. 42, pl. 2, fig. 2, et pl. 3, fig. 2.
— GIGANTEUS (var.).	J. Morris, 1854. *Cat. of brit. foss.*, p. 144.
— LATISSIMUS.	v. Semenow, 1854. *Ueber die Foss. des Schles. Kohlenk.*, p. 37.
— —	T. Davidson, 1860. *Monogr. of the carb. Brach. of Scotl.*, p. 36, pl. 2, fig. 8 et 9, et pl. 4, fig. 26.
— —	J. Armstrong, 1871. *Trans. of the geol. Soc. of Glasgow*, t. III, suppl., p. 40.

Cette espèce, bien que très-voisine de la précédente, à laquelle elle est ordinairement associée, en est néanmoins bien distincte. Non-seulement elle est moins allongée et plus fusiforme que ne l'est le *P. giganteus*, mais la courbe de son bord antérieur est plus régulière et ses oreillettes sont moins nettement séparées de la partie médiane. La courbure de la valve ventrale est si forte que son profil est représenté par une courbe en partie enroulée vers le crochet. Sa ligne cardinale est longue et droite. On ne connaît encore aucun échantillon qui ait offert des traces d'aréa. Le test est mince et les deux valves, étant très-rapprochées l'une de l'autre, possèdent à peu près la même courbure. Leur surface extérieure est couverte de petites côtes arrondies très-légèrement flexueuses, se multipliant rapidement vers les bords, soit par bifurcation, soit par intercalation de nouvelles côtes. Sur un grand nombre d'échantillons, ces côtes sont fréquemment interrompues par des aspérités qui ont servi de base à des prolongements tubuleux, comme le démontre l'individu figuré.

Rapports et différences. — La structure interne des valves a quelque ressemblance avec celle du *P. giganteus*. Cependant en examinant de plus près les empreintes musculaires et vasculaires, on les trouvera relativement beaucoup plus petites, un peu différentes dans leur forme, et situées beaucoup plus près du crochet. En outre, le reste de la surface n'est pas aussi hérissé de tubercules pointus.

Jamais ce *Productus* n'atteint les proportions colossales de certains échantillons de *P. giganteus*, auquel il est ordinairement associé dans les couches carbonifères de Silésie, de Belgique et de Russie, comme cela est aussi le cas pour la Carinthie, tandis que, selon M. Davidson, en Écosse, l'une des deux formes est très-abondante dans certaines assises, alors que l'autre y fait défaut.

Gisement et localités. — Ainsi que je viens de l'indiquer, cette espèce est très-abondante aux environs de Glasgow et dans certaines localités d'Angleterre et d'Irlande. On la trouve aussi à Visé et en Russie, dans les gouvernements de Novogorod, de Toula et de Kalouga; mais on ne la connaît pas en Amérique. Elle n'est pas rare à Bleiberg.

3. — PRODUCTUS CORA, *A. d'Orbigny.*

(Pl. I, fig. 15.)

TEREBRATULA PECTEN.	Fischer de Waldheim, 1809. *Notice des foss. du gouv. de Moscou*, p. 30, pl. 3, fig. 1 (non Linn).
PRODUCTUS CORA.	A. d'Orbigny, 1842. *Paléont. du Voyage dans l'Amér. mérid.*, p. 55, pl. 5, fig. 8, 9 et 10.
— —	L.-G. de Koninck, 1847. *Rech. sur les anim. foss.*, t. I, p. 50, pl. 4, fig. 4 et pl. 5, fig. 2.
— —	D. D. Owen, 1852. *Report of a geolog. survey of Wisconsin, Iowa and Minnes.*, p. 136, pl. 5, fig. 1.
— —	v. Semenow, 1854. *Ueber die Foss. des Schles. Kohlenk.*, p. 38.
— —	Morris, 1854. *Cat. of brit. foss.*, p. 143.
— —	Norwood and Pratten, 1854. *Journ. of the Acad. of nat. sc. of Philadelphia*, t. III, p. 6.
— ALTONENSIS.	Norwood and Pratten, 1854. *Ibid.*, p. 7, pl. 1, fig. 1.
PRODUCTA CORRUGATA.	Mc Coy, 1855. *Brit. palaeoz. foss.*, p. 459.
PRODUCTUS CORA.	de Keyserling, 1856. *In Hofmann's Nördl. Ural und das Küstengeb. Poe-Choi*, p. 211.
— —	J. Marcou, 1858. *Geol. of North-America*, p. 45, pl. 6, fig. 4.
— SETIGERUS?	Hall and Whitney, 1858. *Rep. on the geol. survey of the State of Iowa*, t. I, part. II, p. 638, pl. 19, fig. 3.
— SETIGERUS? (var. KEOKUK).	Hall and Whitney, 1858. *Ibid.*, p. 639, pl. 19, fig. 4.
— OVATUS?	Hall and Whitney, 1858. *Ibid.*, p. 674, pl. 24, fig. 1.
— TENUICOSTUS.	Hall and Whitney, 1858. *Ibid.*, p. 675, pl. 24, fig. 2.
— PILEIFORMIS.	Mc Chesney, 1859. *Descr. of new spec. of fossils from the palaeoz. Rocks of the West-States*, p. 40.
— CORA.	v. Grünewaldt, 1860. *Mém. de l'Acad. impér. de St-Pétersb.*, 7me série, t. II, p. 114.
— NEFEDYEVI.	d'Eichwald, 1860. *Lethaea rossica*, t. I, p. 910.
— CORA.	F. A. Roemer, 1860. *Palaeontographica*, t. IX, p. 13, pl. 4, fig. 6.
— —	T. Davidson, 1860. *Monogr. of Scott. carb. Brachiop.*, p 41, pl. 4, fig. 13.
— —	T. Davidson, 1861. *Quart. journ. of the geol. Soc. of London*, t. XVIII, p. 31.
— —	T. Davidson, 1861. *Monogr. of brit. carb. Brach.*, p. 148, pl. 26, fig. 4, et pl. 42, fig. 9.
— —	J. Auerbach, 1862. *Bull. de la Soc. impér. des nat. de Moscou*, t. XXXV, p. 232, pl. 8, fig. 4.
— —	T. Davidson, 1866. *Quart. journ. of the geol. Soc. of London*, t. XXII, p. 45.
— —	Geinitz, 1866. *Carbonf. und Dyas in Nebraska*, p. 50.
— RIPARIUS.	Trautschold, 1867. *Bull. de la Soc. impér. des nat. de Moscou*, t. XL, p. 35.
— CORA.	J. Armstrong, 1871. *Trans. of the geol. Soc. of Glasgow*, t. III, suppl., p. 39.
— —	Etheridge, 1872. *Quarterly journ. of the geol. Soc. of London*, t. XXVIII, p. 328, pl. 15, fig. 1, 2.

Cette espèce atteint parfois des dimensions assez fortes; elle est ordinairement plus longue que large; sa valve ventrale est très-convexe et assez régulièrement voûtée; chez certains individus adultes elle est un peu déprimée dans son milieu. Ses oreillettes sont petites, mais donnent naissance à de gros plis irréguliers et plus ou moins ondulés qui s'étendent concentriquement en s'effaçant presque complétement vers le milieu la partie viscérale. Le crochet est petit et fortement recourbé. La valve dorsale est profonde et peu distante de la valve opposée dont elle suit les contours. Les plis concentriques y sont généralement un peu moins forts, mais continus d'une extrémité à l'autre.

La surface de l'une et de l'autre valve est couverte de petites côtes longitudinales, filiformes, assez régulières dans toute leur étendue, légèrement flexueuses, se multipliant par interposition de nouvelles côtes d'abord plus minces, mais atteignant bientôt le diamètre des côtes primitives; lorsqu'elles sont bien conservées, elles laissent apercevoir à la loupe de fines stries d'accroissement; chez certains individus, elles sont interrompues par la naissance de tubes très-minces, mais quelquefois assez longs; c'est surtout du côté des oreillettes et à une petite distance du bord cardinal que ces tubes sont nombreux.

La structure interne n'est pas encore bien connue. Un seul fragment de moule interne de la valve ventrale m'a permis de constater que les empreintes des muscles cardinaux y sont assez bien développées, tandis que celles des muscles adducteurs sont relativement très-petites et situées très-près du crochet. La difficulté que l'on a éprouvée de rencontrer des valves isolées bien conservées, dépend probablement de la faible épaisseur du test et de son extrême fragilité.

Rapports et différences. — Je suis porté à croire que les *Productus altonensis* et *Prattenianus* Norwood et Pratten; *P. setigerus*, *ovatus* et *tenuicostus*, J. Hall et Whitney; *P. pileiformis*, Mc Chesney ainsi que le *P. riparius*, Trautschold, ne sont que des variétés locales du *P. cora.*

Gisement et localités. — Cette espèce est remarquable par l'étendue de sa distribution géographique. Elle se trouve à la fois dans les diverses assises du terrain carbonifère, sauf dans le système houiller. Si la détermination de M. Etheridge est exacte, elle aurait fait même son apparition dans le terrain dévonien de l'Australie; partout ailleurs où elle a été observée, tant en Amérique qu'en Asie et en Europe, elle ne dépasse pas le terrain carbonifère. Elle paraît rare à Bleiberg.

II. — PRODUCTI SEMIRETICULATI.

4. — PRODUCTUS SEMIRETICULATUS, *Martin.*

Conchae pilosae.	D. Ure, 1793. *Hist. of Rutherg.*, p. 316, pl. 16, fig. 12.
Anomites semireticulatus.	Martin, 1809. *Petrific. derb.*, p. 7, pl. 32, fig. 1, 2 and pl. 33, fig. 4.
Terebutula reticularis.	Fischer de Waldheim, 1809. *Notice des foss. du gouv. de Moscou*, p. 31, pl. 3, fig. 5 (non Linn.).
Productus scoticus.	Sowerby, 1814. *Miner. conch.*, t. I, p. 158, pl. 69, fig. 3.
— fugilis.	J. Phillips, 1836. *Geol. of Yorks*, t. II, p. 215, pl. 8, fig 6.
— semireticulatus.	L.-G. de Koninck, 1847. *Recherches sur les anim. foss.*, t. I, p. 83, pl. 8, fig. 1, pl. 9, fig. 1 et pl. 10, fig. 1.
— —	A. d'Orbigny, 1850. *Prodr. de paléont.*, t. I, p. 142.
— —	Norwood and Pratten, 1854. *Journ. of the Acad. of nat. sc. of Philadelphia*, t. III, p. 11.
— —	v. Semenow, 1854. *Die Foss. des Schles. Kohlenk.*, p. 40.
— —	J. Morris, 1854. *Cat. of brit. foss.*, p. 145.
— Martini.	J. Morris, 1854. *Ibid.*, p. 144.
— pugilis.	J. Morris, 1854. *Ibid.*, p. 144.
— Martini.	Mc Coy, 1854. *Brit. palaeoz. foss.*, p. 467.
— semireticulatus.	Mc Coy, 1855. *Ibid.*, p. 471.
— —	de Keyserling, 1856. *Hoffmann's Nördl. Ural u. das Küstengeb. Poe-Choi*, p. 210.
— Calhounianus.	Swallow, 1858. *Trans. of the Acad. of sc. of St-Louis*, t. I, p. 181.
— semireticulatus.	J. Marcou, 1858. *Geol. of North-America*, p. 46, pl. 5, fig. 4 and pl. 6, fig. 6.
— —	J. Hall, 1858. *Rep. on the geol. surv. of Iowa*, t. I (Palaeontology), p. 637, pl. 19, fig. 4.
— —	d'Eichwald, 1860. *Lethaea rossica*, t. I, p. 892.
— —	v. Grünewaldt, 1860. *Mém. de l'Acad. impériale de St-Pétersb.*, 7e sér., t. II, p. 119, pl. 3, fig. 1 u. 2.
— —	T. Davidson, 1860. *Mon. of the carb. Brach. of Scott.*, p. 37, pl. 4, fig. 1-12.
— —	Salter, 1861. *Quart. journ. of the geol. Soc. of London*, t. XVII, p. 64, pl. 6, fig. 1.
— —	T. Davidson, 1861. *Ibid.*, t. XVIII, p. 31.
— —	T. Davidson, 1861. *Monogr. of the brit. carb. Brach.*, p. 149, pl. 43, fig. 1-11 and pl. 44, fig. 1-4.
— magnus?	Meek and Worthen, 1861. *Proceed. of the Acad. of nat. sc. of Philad.*, p. 112.
— semireticulatus.	F.-B. Meek, 1864. *Geol. survey of California* (Palaeontology), t. I, p. 11, pl. 2, fig. 4.
— —	Beyrich, 1865. *Abhandl. der K. Akad. der Wissens.*, p. 82, pl. 2, fig. 1 u. 2.
— —	J. Gray, 1865. *Biogr. notice of D. Ure*, p. 53.
— —	Geinitz, 1866. *Carbonf. u. Dyas in Nebraska*, p. 51.
— magnus?	F.-B. Meek and A.-H. Worthen, 1868. *Geol. survey of Illinois* (Palaeontology), t. III, p. 528, pl. 20, fig. 7.
— semireticulatus.	Armstrong, 1871. *Trans. of the geol. Soc. of Glasgow*, t. III, suppl., p. 40.
— —	F.-B. Meek, 1872. *Rep. on the palaeont. of eastern Nebraska*, p. 160, pl. 5, fig. 7.

Cette espèce a été si souvent décrite et figurée que j'ai cru pouvoir me dispenser d'en donner une nouvelle figure et d'entrer dans de grands détails relativement à ses caractères.

Comme elle est très-variable dans sa forme et dans sa taille, elle a reçu un assez grand nombre de noms dont on trouvera le détail à la synonymie que j'en ai donnée dans ma Monographie du genre et que j'ai cherché à compléter ici. On la reconnaîtra toujours facilement par la gibbosité de sa valve ventrale et par les plis concentriques dont sa partie viscérale et ses oreillettes sont couvertes et qui, en se croisant à angle droit avec les côtes longitudinales et rayonnantes, produisent un dessin réticulé, rarement aussi prononcé dans d'autres espèces. La valve dorsale est presque plane dans sa partie viscérale et se recourbe presque à angle droit pour produire le prolongement qui s'applique directement contre celui de la valve ventrale et en suit tous les mouvements. Ce ne sont pas toujours les individus les plus volumineux qui possèdent les prolongements les plus développés; c'est très-souvent l'inverse qui se remarque. C'est en partie par cette raison que je suis porté à croire, sans toutefois pouvoir l'affirmer positivement, que le *P. magnus* de MM. Meek et Worthen est une simple variété de *P. semireticulatus* dont les ornements extérieurs seraient plus ou moins oblitérés. En tout cas, la structure interne de la valve dorsale de ce *Productus* prouve qu'il est bien plus voisin du *P. semireticulatus* que du *P. giganteus*, auquel les savants paléontologistes américains l'ont comparé.

Gisement et localités. — Ce *Productus* est certainement l'une des espèces le plus caractéristiques du terrain carbonifère. Non-seulement il a traversé toute la période carbonifère proprement dite, mais il a vécu pendant cette période sur toute la surface du globe, l'Australie peut-être exceptée [1]. Aussi le trouve-t-on dans le calcaire carbonifère le plus rapproché des régions polaires, comme dans celui du Punjaub, du Thibet, des Andes et de l'île Timor. Il est très-abondant en Belgique et dans les îles Britanniques, et il n'est pas rare à Bleiberg.

[1] Je suis persuadé que l'on finira par le découvrir dans cette région, où déjà plusieurs espèces carbonifères, identiques aux espèces européennes ou très-voisines de celles-ci, ont été signalées dans ces derniers temps.

5. — PRODUCTUS MEDUSA, *de Koninck.*

(Pl. I, fig. 11.)

Productus medusa. L.-G. de Koninck, 1843. *Descr. des anim. foss. du terr. carbon. de Belg.*, p. 66, pl. 7, fig. 5 et pl. 13bis, fig. 3.
— — L.-G. de Koninck, 1847. *Rech. sur les anim. fossiles*, t. I, p. 70, pl. 5, fig. 5.
— — d'Eichwald, 1860. *Lethaea rossica*, t. I, p. 899.

Petite coquille, à contour à peu près ovale, remarquable par les prolongements en forme de petits tubes pointus, dont le bord antérieur de sa valve ventrale est garni. Ces tubes correspondent aux sillons qui séparent les côtes longitudinales de la surface. La valve ventrale est très-bombée, eu égard à sa petite taille; elle est divisée en deux parties égales, par un large sinus qui a son origine au crochet.

La valve dorsale est tout à fait plane ou très-légèrement ondulée. La surface des deux valves est couverte de 14-18 côtes relativement assez épaisses, mais dont le nombre est doublé sur les bords, par suite de leur bifurcation vers la moitié de leur longueur.

Gisement et localités. — Cette espèce que j'ai découverte dans le calcaire carbonifère de Visé, n'a pas encore été signalée avec certitude dans les calcaires de même âge de l'Angleterre et de l'Irlande, et dans lesquels on est parvenu néanmoins à trouver la plupart des autres Brachiopodes belges que, le premier, j'ai fait connaître en 1843 et en 1847. M. de Verneuil l'a rencontrée à Cosatchi Datchi, dans l'Oural. Elle est rare à Bleiberg.

6. — PRODUCTUS FLEMINGII, *J. Sowerby.*

(Pl. I, fig. 14.)

Productus flemingii. J. Sowerby, 1814. *Min. conch.*, t. I, p. 154, pl. 68, fig. 2 (non Geinitz, *Carbonf. u. Dyas in Nebraska*).
— longispinus. J. Sowerby, 1814. *Ibid.*, p. 155, pl. 68, fig. 1.
— lobatus. Kutorga, 1842. *Verhandl. der K. Russ. Miner. Gesells.*, p. 20, pl. 5, fig. 5.
— — L.-G. de Koninck, 1847. *Recherch. sur les anim. foss.*, t. I, p. 95, pl. 10, fig. 2.
— flemingii. D.-D. Owen, 1852. *Report of a geolog. survey of Wisconsin, Iowa and Minnes.*, p. 154, pl. 5, fig. 2.
— — F. Roemer, 1852. *Die Kreidef. v. Texas. Anhang.*, p. 89, pl. 11, fig. 8.
— longispinus. T. Davidson, 1853. *Introd. to Brit. fossil Brachiop.*, pl. 9, fig. 221.

PRODUCTUS LONGISPINUS. J. Morris, 1854. *Cat. of brit. foss.*, p. 144.
— FLEMINGII. v. Semenow, 1854. *Foss. d. Schles. Kohlenk.*, p. 40.
— — Norwood and Pratten, 1854. *Journ. of the Acad. of natur. sc. of Philadelp.* t. III, p. 11.
— SPLENDENS. Norwood and Pratten, 1854. *Ibid.*, p. 11, pl. 1, fig. 5.
— WABASHENSIS. Norwood and Pratten, 1854. *Ibid.*, p. 13, pl. 1, fig. 6.
— MURICATUS. Norwood and Pratten, 1854. *Ibid.*, p. 14, pl. 1, fig. 8 (non Phill.).
— FLEMINGII. Mc Coy, 1855. *Brit. paleoz. fossils*, p. 461.
— MURICATUS. Cox, 1857. *Geolog. report of Kentucky*, t. III, p. 573, pl. 9, fig. 6 (non Phill.).
— FLEMINGII (var. BURLINGTONENSIS). J. Hall and J.-B. Whitney, 1858. *Report of the geol. survey of the state of Iowa*, t. I, part. II, p. 598, pl. 12, fig. 5.
— MESIALIS? J. Hall and J.-D. Whitney, 1858. *Ibid.*, p. 636, pl. 19, fig. 2.
— FLEMINGII. J. Marcou, 1858. *Geol. of North-Amer.*, p. 47, pl. 6, fig. 7.
— LONGISPINUS. T. Davidson, 1860. *Monogr. of the carb. Brachiop. of Scotl.*, p. 39, pl. 2, fig. 10-19.
— SCITULUS? Meek and Worthen, 1860. *Proceed. of the Acad. of nat. sc. of Philad.*, p. 451.
— PARVUS. Meek and Worthen, 1860. *Ibid.*, p. 450.
— FLEMINGII. v. Grünewaldt, 1860. *Mém. de l'Acad. imp. de St-Pétersb.*, 7e sér., t. II, p. 123, pl. 3, fig. 4.
— LONGISPINUS. T. Salter, 1861. *Quart. journ. of the geol. Soc. of London*, t. XVII, p. 64, pl. 4, fig 2.
— — T. Davidson, 1861. *Ibid.*, t. XVIII, p. 31.
— — T. Davidson, 1861. *Monogr. of the brit. carbon. Brachiopoda*, p. 154, pl. 35, fig. 5-19.
— — T. Davidson, 1863. *Mém. de la Soc. roy. des Sc. de Liége*, t. XVIII, p. 589.
— SEMIRETICULATUS. Beyrich, 1864. *Abhandl. d. K. Akad. der Wissens.*, p. 82, pl. 2, fig. 2 (non Martin).
— LONGISPINUS? T. Davidson, 1866. *Quart. journ. of the geol. Soc. of Lond.*, t. XXII, p. 43.
— SCITULUS? Meek and Worthen, 1866. *Geol. survey of Illinois*, t. II, p. 280, pl. 20, fig. 5.
— PARVUS. Meek and Worthen, 1866. *Ibid.*, p. 297, pl. 23, fig. 4.
— ORBIGNYANUS. Geinitz, 1866. *Carbonform. u. Dyas in Nebraska*, p. 56, pl. 4, fig. 8-11 (non de Koninck).
— LOBATUS (var. PAUCICOSTATUS). Trautschold, 1867. *Bullet. de la Soc. imp. des nat. de Moscou*, t. 40, p. 37, pl. 5, fig. 2.
— LONGISPINUS. J. Armstrong, 1871, *Trans. of the geol. Soc. of Glasgow*, t. III, suppl., p. 40.
— — F.-B. Meek, 1872. *Report on the paleont. of east. Nebraska*, p. 161, pl. 6, fig. 7 and pl. 8, fig. 6.
— COSTATUS? F.-B. Meek, 1872. *Ibid.*, p. 159, pl. 6, fig. 6.

Quoique très-variable dans sa structure, cette espèce n'atteint jamais un grand développement, elle est même généralement assez petite et transverse et rarement plus longue que large. Ligne cardinale droite, ordinairement un peu inférieure au plus grand diamètre de la coquille, dont les oreillettes, dans ce cas, sont légèrement arrondies. Valve ventrale régulièrement bombée ou partagée en deux lobes plus ou moins bien prononcés, par un sinus médian dont la largeur et la profondeur sont très-variables. Le crochet est petit et recourbé, mais dépasse rarement le bord cardinal. A l'intérieur de cette valve et immédiatement en dessous du crochet on observe en saillie deux empreintes dendroïdes allongées et contiguës qui ont servi d'attache aux muscles adducteurs et plus bas et en dehors de celles-ci, deux autres empreintes, beaucoup plus grandes, striées longitudinalement, de forme à peu près carrée et destinées aux muscles divaricateurs.

Valve dorsale plus ou moins concave et munie d'un lobe médian chez les individus dont la valve ventrale est sinuée. Sa structure interne n'est pas moins remarquable que celle de la valve opposée; le processus cardinal est formé de trois lobes bien développés, soutenus par une crête médiane saillante qui se prolonge jusqu'au delà de la moitié de la longueur de la valve; à chaque côté de cette crête on distingue deux petites empreintes dendritiques, provenant du muscle adducteur. Les impressions réniformes sont très-distinctes et font souvent saillie à l'intérieur; le restant de la valve et surtout sa partie inférieure sont garnis de petites aspérités un peu allongées.

La surface de chaque valve est couverte de petites côtes longitudinales, assez régulières se multipliant soit par bifurcation, soit par intercalation, mais dont le diamètre et le nombre sont assez variables. La partie viscérale est traversée dans sa partie supérieure, par des ondulations concentriques, plus sensibles sur les oreillettes que sur les parties médianes. Un très-grand nombre d'échantillons ont leurs côtes hérissées de prolongements tubulaires, spiniformes, atteignant parfois une longueur de plusieurs centimètres; quoique la situation occupée par la plupart de ces tubes n'ait rien de bien régulier, on en remarque souvent deux qui ont leur origine à la partie la plus saillante de chaque lobe et se dirigent presque parallèlement à la ligne cardinale.

Dimensions. — La longueur de la coquille dépasse rarement 2 centimètres et sa largeur 2 $^1/_2$.

Observation. — J'ai conservé à cette espèce le nom sous lequel je l'ai décrite en 1847 et sous lequel la plupart des paléontologistes l'ont désignée depuis. En adoptant de préférence ce nom à celui de *P. longispinus* qui a été employé par mon savant ami M. Davidson, j'ai voulu rendre hommage à la mémoire du docteur Fleming qui a fait connaître un grand nombre de fossiles carbonifères et éviter que l'on ne confondît avec ce *Productus* certaines espèces dont les tubes ne sont ni moins nombreux, ni moins longs.

Gisement et localités. — Cette espèce dont les côtes qui recouvrent sa surface et les dimensions sont très-variables, est certainement l'une des plus répandues de toutes ses congénères.

On la rencontre dans tous les étages du système carbonifère, c'est-à-dire, depuis le calcaire le plus ancien jusque dans le millstone-grit. Sa distribution horizontale ou géographique n'est pas moins remarquable. On la trouve en Australie, dans l'Inde, dans l'Amérique méridionale et septentrionale, dans l'Oural, aux environs de Moscou et de Karova, en Angleterre, en Irlande, en Écosse, en France et en Belgique, et partout elle semble être abondante. Toutefois à Bleiberg elle est assez rare.

III. — PRODUCTI SPINOSI.

7. — PRODUCTUS SCABRICULUS, *Martin*.

(Pl. I, fig. 16.)

ANOMITES	SCABRICULUS.	Martin, 1809. *Petrif. derb.*, p. 8, pl. 36, fig. 5.
PRODUCTUS	—	J. Sowerby, 1814. *Min. conch.*, t. I, p. 157, pl. 69, fig. 1.
—	PUSTULOSUS.	de Verneuil, 1845. *Russia and the Ural mount.*, t. II, p. 276, pl. 16, fig. 11 (non Phill.).
—	SCABRICULUS.	L.-G. de Koninck, 1847. *Rech. sur les anim. foss.*, t. I, p. 111, pl. 11, fig. 6.
—	NEBRASCENSIS.	D.-D. Owen, 1852. *Geol. rep. of Wisconsin, Iowa*, p. 584, pl. 5, fig. 3.
—	ROGERSII.	Norwood and Pratten, 1854. *Journal of the Acad. of nat. sc. of Philadelp.*, t. III, p. 9, pl. 1, fig. 3.
—	SCABRICULUS.	Morris, 1854. *Cat. of brit. foss.*, p. 145.
—	NEFFEDIEVI.	de Keyserling, 1854. *In Schrenck, Reise nach den Nordosten des europäis. Russl.*, t. II, p. 93.
—	POSTULOSUS.	v. Semenow, 1854. *Foss. des Schles. Kohlenk.*, p. 41.
—	—	Mc Coy, 1845. *Brit. palaeoz. foss.*, p. 470.
—	SCABRICULUS.	J. Marcou, 1858. *Geol. of North-Amer.*, p. 47, pl. 5, fig. 6.
—	ASPER.	Mc Chesney, 1859. *Descr. of new spec. of fossils*, p. 34, pl. 1, fig. 7.
—	WILBERANUS.	Mc Chesney, 1859. *Ibid.*, p. 36, pl. 1, fig. 8.
—	SYMMETRICUS?	Mc Chesney, 1859. *Ibid.*, p. 35, pl. 1, fig. 9.
—	SCABRICULUS.	d'Eichwald, 1860. *Lethaea rossica*, t. I, p. 891.
—	PUSTULOSUS.	d'Eichwald, 1860. *Ibid.*, p. 888 (non Phill.)
—	SCABRICULUS.	Davidson, 1860. *Carb. Brach. of Scotl.*, p. 40, pl. 4, fig. 18.
—	—	Davidson, 1862. *Monogr. of the brit. carb. Brach.*, p. 169, pl. 42, fig. 5-8.
—	—	Davidson, 1866. *Quart. journ. of the geol. Soc. of London*, t. XXII, p. 43, pl. 2, fig. 13.
—	—	Geinitz, 1866. *Carbonf. u. Dyas von Nebraska*, p. 54.
—	POSTULOSUS.	Geinitz, 1866. *Ibid.*, p. 55.
STROPHOLOSIA	HORRESCENS.	Geinitz, 1866. *Ibid.*, p. 81 (non Verneuil).
PRODUCTUS	SCABRICULUS.	Armstrong, 1871. *Trans. of the geol. Soc. of Glasgow*, t. III, suppl., p. 40.
—	SYMMETRICUS.	F.-B. Meek, 1872. *Report on the paleont. of east. Nebraska*, p. 167, pl. 5, fig. 6 (pl. 8, fig. 13 exclusâ).
—	NEBRASCENSIS.	F.-B. Meek, 1872. *Report on the paleont. of east. Nebr.*, p. 165, pl. 2, fig. 2, pl. 4, fig. 6, et pl. 5, fig. 11.

Coquille ordinairement un peu plus longue que large, de forme subrectangulaire, à bords faiblement courbés, subparallèles entre eux. Valve ventrale très-bombée, déprimée dans sa partie médiane et généralement garnie d'un sinus très-large et très-profond, qui, chez les adultes, s'efface complétement avant d'atteindre le bord frontal. Le crochet est pointu quoique renflé à une petite distance de son extrémité, recourbé et projeté un peu au delà du bord cardinal; l'étendue de ce bord atteint rarement celle du diamètre transversal de la coquille. Les oreillettes sont petites et terminées par un angle obtus.

La surface de la valve ventrale est couverte de côtes longitudinales bien prononcées, remarquables par les renflements alternatifs qu'elles éprouvent et qui les transforment en tuburcules disposés un peu irrégulièrement en quinconce et souvent armés de petites épines courbes.

La valve dorsale est légèrement concave et ordinairement garnie d'un large lobe médian correspondant au sinus de la valve opposée. Les tubercules de cette dernière y sont remplacées par des fossettes de même forme. Son processus cardinal est bilobé et supporté par une double saillie convergente, qui, en se prolongeant, se réunit pour se terminer en une seule.

La surface des deux valves est généralement traversée par des ondulations concentriques, mieux marquées sur les oreillettes que sur le restant de la coquille.

Rapports et différences. — Cette espèce, dont l'aspect varie suivant l'âge et la conservation des échantillons, a été désignée sous plusieurs noms. En visitant la magnifique collection de M. E. Wood de Richemond, j'ai pu m'assurer, par l'inspection d'échantillons originaux, que les *P. asper, Wilberanus, symmetricus* Mc Chesney et *nebrascensis*, D. D. Owen, ne sont que des variétés du *P. scabriculus*, différant un peu des échantillons européens par une meilleure conservation de leurs tubes et de leurs autres ornements extérieurs. Je ne doute pas non plus que l'échantillon figuré par M. de Verneuil sous le nom de *P. pustulosus* et maintenu sous ce nom par M. d'Eichwald, n'appartienne à l'espèce que je viens de décrire.

Gisement et localités. — Ce *Productus* est très-répandu dans les étages supérieurs et moyens du terrain carbonifère. J'ai pu constater sa présence dans les assises de Colebrook-Dale, et des environs de Glasgow; dans le calcaire un peu plus ancien de Settle, de Bolland dans l'Yorkshire, et de Visé, et enfin, dans les assises inférieures à ces dernières, de Comblain au Pont, de Waulsort, et de Tournai.

Il a été trouvé dans des gisements analogues en Russie, en Asie et en Amérique. Il est beaucoup plus rare dans les assises inférieures que dans les supérieures. Il est loin d'être commun à Bleiberg.

IV. — PRODUCTI FIMBRIATI.

8. — PRODUCTUS PUSTULOSUS, *J. Phillips.*

(Pl. I, fig. 21.)

PRODUCTA PUSTULOSA.	J. Phillips, 1836. *Geol. of Yorks*, t. II, p. 216, pl. 7, fig. 15 (non Geinitz, *Carbon. form. u. Dyas in Nebraska*).
PRODUCTUS PUSTULOSUS.	L.-G. de Koninck, 1847. *Rech. sur les anim. foss.*, t. I, p. 118, pl. 12, fig. *4a, 4b* et *4c* (fig. *4d* exclusâ) et pl. 16, fig. 8 et 9.
— PYXIDIFORMIS.	L.-G. de Koninck, 1847. *Ibid.*, p. 116, pl. 11, fig. 7, pl. 12, fig. 1 et pl. 16, fig. 2.
— —	Morris, 1854. *Cat. of brit. foss.*, p. 145.
— PUSTULOSUS.	Morris, 1854. *Ibid.*, p. 145.
— —	v. Semenow, 1854. *Ueber die Foss. des Schles. Kohlenk.*, p. 42.
— —	J. Marcou, 1858. *Geol. of North-Amer.*, p. 48, pl. 6, fig. 1.
— —	Davidson, 1862. *Monogr. of the brit. carb. Brach.*, p. 168, pl. 41, fig. 1-6 et pl. 42, fig. 1-4.
— PUSTULOSUS.	S. Armstrong, 1871. *Trans. of the geol. Soc. of Glasgow*, t. III, suppl., p. 40.

Coquille pouvant acquérir d'assez grandes dimensions, ordinairement un peu plus large que longue, de forme subrectangulaire. Valve ventrale assez bombée et régulièrement recourbée sur elle-même; un large sinus médian la partage en deux parties égales; son crochet est petit et ne dépasse que faiblement le bord cardinal, dont l'étendue est inférieure à celle du diamètre transverse. Valve dorsale faiblement concave et laissant exister entre elle et la valve opposée un assez grand espace libre pour loger l'animal; un large lobe peu marqué la divise dans son milieu. La surface des deux valves est garnie de plis transverses, concentriques, continus dans certains échantillons, irrégulièrement interrompus ou ondulés dans d'autres; sur la valve ventrale, ces plis sont armés de tubercules allongés qui ont servi de base à des tubes, tandis que sur la valve ventrale ces tubercules sont remplacés par des fossettes.

Le test, quoique assez mince, ne conserve généralement à sa surface interne que de faibles traces des nombreux plis concentriques qui couvrent sa surface externe, ainsi qu'on peut s'en assurer par le moule représenté pl. I, fig. 21*a*. En revanche, on y observe de nombreuses traces des tubercules dont ces plis sont chargés.

Par l'inspection de ce même moule on peut s'assurer que les empreintes des muscles adducteurs de la valve ventrale étaient étroites et dendroïdes, tandis que celles des muscles cardinaux placées immédiatement à côté, sont striées longitudinalement et beaucoup plus développées; le processus cardinal de la valve dorsale est soutenu par une crête longitudinale qui s'étend jusque vers le milieu de la longueur de la valve; de chaque côté de cette crête se trouvent les empreintes musculaires et en dessous de celles-ci et en dehors, les impressions réniformes.

Observations. — Lorsque, en 1847, j'ai donné la description de cette espèce qui avait été découverte et figurée en 1836 par M. Phillips, je n'avais à ma disposition qu'un petit nombre d'échantillons anglais; je me suis donc trouvé dans l'impossibilité d'en tracer convenablement les limites et d'en étudier les diverses formes. Il en est résulté que j'ai confondu avec elle certaines variétés du *P. punctatus* et que j'ai considéré comme spécifiquement différents des échantillons que j'aurais dû y rapporter et que j'ai décrits sous le nom de *P. pyxidiformis.* Mon savant ami M. Davidson a eu parfaitement raison de redresser cette méprise, que moi-même j'avais déjà eu l'occasion de constater par l'étude des belles séries de *P. pustulosus* déposées dans les divers musées de l'Angleterre et particulièrement dans celui d'un autre de mes amis, M. Edward Wood.

Gisement et localités. — On trouve de magnifiques échantillons de ce *Productus* dans le calcaire carbonifère de Visé, de Bolland et de Settle. M. Davidson l'a rencontré en Écosse près Dunbar et dans plusieurs localités de l'Irlande. Il est rare à Bleiberg.

9. — PRODUCTUS PUNCTATUS, *Martin.*

(Pl. I, fig. 19.)

ANOMITES PUNCTATUS.	Martin, 1809. *Petrif. derbiens.*, p. 8, pl. 37, fig. 6 (fig 7 et 8 exclusis).
TEREBATULA SULCATA.	Fischer de Waldheim, 1809. *Notice des foss. du gouv. de Moscou*, p. 27, pl. 3, fig. 2.
PRODUCTUS PUNCTATUS var.	L.-G. de Koninck, 1847. *Recherch. sur les anim. foss.*, t. I, p. 123, pl. 12, fig. 2.
— PUSTULOSUS.	L.-G. de Koninck, 1847. *Ibid.*, pl. 12, fig. 4*d* et pl. 13, fig. 1*ab* (fig. caeteris exclusis).
— PUNCTATUS.	Norwood and Pratten, 1854. *Journ. of the Acad. of nat. sc. of Philadelp.*, t. III, p. 19.
— —	Morris, 1854. *A cat. of british. fossils*, p. 145.
— —	de Keyserling, 1856. *In Hofmann's Nördl. Ural v. das Küstengeb. Pae-Choi*, p. 42.
— —	v. Semenow, 1854. *Foss. des Schles. Kohlenk*, p. 42.
— —	Marcou, 1858. *Geol. of North-America*, p. 48, pl. 6, fig. 2.
— TUBULOSPINUS.	Mc Chesney, 1859. *Desc. of new spec. of fossils from the palaeoz. rocks of the Western States*, p. 37, pl. 1, fig. 10 and 11.

Productus punctatus.	d'Eichw., 1860. *Lethaea rossica*, t. 1, p. 887.
— —	T. Davidson, 1860. *Mon. of the carb. Brachiop. of Scotland*, p. 42, pl. 4, fig. 20-22.
— —	T. Davidson, 1861. *Monogr. of the brit. carb. Brach.*, p. 172, pl. 44, fig. 9-16.
— punctatus ?	Beyrich, 1864. *Abh. der k. Akad. der Wiss.*, p. 85, pl. 2, fig. 3.
— —	Geinitz, 1866. *Carbonf. u. Dyas in Nabraska*, p. 55.
— —	J. Armstrong, 1871. *Trans. of the geol. Soc. of Glasgow*, t. III, suppl., p. 40.
— —	F.-B. Meck, 1872. *Report on the pal. of east. Nebraska*, p. 169, pl. 2, fig. 6 and pl. 4, fig. 5.
— symmetricus?	F.-B. Meek, 1872. *Ibid.*, p. 167, pl. 8, fig. 13 (non Mc Chesney).

Coquille assez variable dans sa forme ; tantôt subovale et plus longue que large, tantôt subquadrangulaire et plus large que longue. Toutefois son bord cardinal n'atteint jamais les dimensions de son plus grand diamètre transverse. Valve dorsale assez régulièrement bombée, rarement gibbeuse, munie d'un large sinus peu profond qui occupe presque toute sa longueur ; crochet peu épais, recourbé et dominant le bord cardinal ; oreillettes assez petites, à angle externe obtus, et se rattachant insensiblement à la partie viscérale. Dans certains exemplaires semblables à celui que j'ai figuré pl. 1, fig. 19*b*, la valve ventrale est munie d'une aréa bien prononcée. C'est une preuve de plus que l'absence ou la présence de cette partie de la valve ne suffit pas pour en faire un caractère générique. Toute la surface externe de cette même valve est ornée de bandelettes concentriques, dont la largeur et le nombre varient suivant les individus et la place qu'elles occupent ; elles sont toujours relativement plus étroites et plus nombreuses du côté du crochet et souvent aussi vers le bord frontal. Ces bandes, un peu relevées vers leur bord inférieur, sont séparées les unes des autres par un petit espace à peu près lisse, auquel succède une série de petits tubercules allongés assez distants les uns des autres, immédiatement suivie d'une autre série beaucoup plus compacte de tubercules infiniment plus petits et arrondis ; par l'inspection des échantillons bien conservés, on peut s'assurer que tous ces tubercules ont servi de base à de petites épines minces et courtes, semblables entre elles, se recouvrant mutuellement, s'appliquant directement contre le test et constituant une sorte de revêtement ou épiderme épineux. — Valve dorsale peu concave ou presque entièrement plane, exhibant un lobe peu prononcé dans sa partie médiane ; ses ornements sont semblables à ceux de la valve opposée ; à la partie saillante des bandes correspond une partie creuse qui les sépare les unes des autres.

Ainsi qu'il sera facile de s'en assurer par les échantillons figurés, les empreintes des muscles adducteurs qui sont les seuls dont les traces aient été conservées, sont très-étroites et se prolongent assez avant dans les deux valves; chez les individus bien conservés, les empreintes des muscles cardinaux sont beaucoup moins allongées que celles des muscles adducteurs, et ressemblent aux empreintes du *P. pustulosus.*

Rapports et différences. — C'est avec un certain doute que j'ai rapproché de cette espèce l'échantillon représenté par M. F.-B. Meek, pl. 8, fig. 13, dans son beau travail sur les fossiles du Nebraska, sous le nom de *P. symmetricus.* Il me semble que cet échantillon pourrait bien ne représenter que les restes d'un individu déformé, sur lequel les bandes concentriques se seraient mal développées. Plusieurs échantillons recueillis à Visé m'ont offert un aspect analogue; il sera néanmoins difficile de trancher cette question d'une manière définitive, avant d'avoir eu l'occasion de comparer les objets en question.

Gisement et localités. — Cette belle espèce, qui est généralement l'une des plus faciles à distinguer et en même temps l'une des plus anciennement connues, est très-répandue dans le calcaire carbonifère. Elle passe des assises moyennes de ce calcaire dans les supérieures et se trouve presque partout où la présence de ce calcaire a été positivement reconnue. Elle existe en Amérique, dans l'Inde, en Russie, dans les îles Britanniques, en Allemagne et en Belgique. J'en ai observé plusieurs échantillons parmi les fossiles de Bleiberg.

10 — PRODUCTUS FIMBRIATUS, *J. de C. Sowerby.*

(Pl. I, fig. 18.)

PRODUCTUS	FIMBRIATUS.	J. de Sowerby, 1823. *Miner. Conch.*, t. V, p. 85, pl. 459, fig. 1.
—	—	L.-G. de Koninck, *Recherches sur les animaux fossiles*, t. I, p. 127, pl. 12, fig. 3.
—	—	J. Morris, 1854. *Cat. of brit. foss.*, p. 143.
—	—	Norwood and Pratten, 1854. *Journ. of the Acad. of nat. sc. of Philad.*, t. III, p. 19.
—	ALTERNATUS.	Norwood and Pratten, 1854. *Ibid.*, p. 20, pl. 2, fig. 1.
—	FIMBRIATUS.	v. Semenow, 1854. *Foss. des Schles. Kohlenk.*, p. 43.
PRODUCTA	FIMBRIATA.	Mc Coy, 1855. *Brit. pal. foss.*, p. 461.
PRODUCTUS	FIMBRIATUS.	d'Eichwald, 1860. *Lethaea rossica*, t. I, p. 888.
—	—	T. Davidson, 1854. *Mon. of the carb. Brach. of Scott.*, p. 43, pl. 2, fig. 27.
—	—	T. Davidson, 1861. *Mon. of the brit. carb. Brachiop.*, p. 171, pl. 33, fig. 12-15 and pl. 44, fig. 15.
—	—	J. Armstrong, 1871. *Trans. of the geol. Soc. of Glasgow*, t. III, suppl., p. 39.

Coquille plus longue que large, à contour ovale et dont l'étendue de la ligne cardinale n'atteint pas celle du diamètre transverse. Valve ventrale gibbeuse, uniformément arqué et assez profonde; crochet fortement courbé, effilé à son extrémité, mais s'épaississant rapidement avec l'accroissement de la coquille; comme il dépasse le bord cardinal, il est difficile d'extraire des échantillons munis de cette extrémité, d'une roche un peu dure; les oreillettes sont petites et peu marquées; sa surface, traversée par de fines stries d'accroissement, est en outre ornée de bandes concentriques bien distinctes, souvent épaissies dans leur milieu et séparées les unes des autres par un sillon à peu près lisse; le bord inférieur de ces bandes est garni d'une série de gros tubercules allongés alternant sur certains individus avec des tubercules plus petits et servant de base à des tubes cylindriques, spiniformes dont la longueur peut atteindre, dans certains cas, de 1 à 1 1/2 centimètres. La structure interne de cette valve n'est pas encore connue.

Valve dorsale faiblement concave, garnie de bandes concentriques creuses, portant de petites fossettes et frangées de tubes spiniformes sur leurs bords. Ses empreintes musculaires ont été bien observées et parfaitement représentées par M. Davidson [1]; elles font saillie à l'intérieur de la valve et ont quelque ressemblance avec celles du *Strophomena analoga*, Phill.

Rapports et différences. — Par l'absence de toute trace de sinus, cette espèce se distingue facilement de la précédente, dont elle se rapproche par ses ornements extérieurs.

L'inspection de quelques échantillons du *P. alternatus*, Norw. et Pratten, que j'ai reçus d'Amérique, m'a prouvé qu'ils appartiennent au *P. fimbriatus* dont ils ne forment qu'une variété un peu allongée à tubercules un peu moins réguliers et un peu plus nombreux et à valve dorsale un peu plus profonde. Je suis, au contraire, porté à croire que le *P. laciniatus*, Mc Coy, en est distinct et constitue une bonne espèce; cette opinion est basée sur l'étude comparative de quelques échantillons bien conservés de l'une et de l'autre forme.

Gisement et localités. — Cette espèce est plus abondante dans les assises supérieures du calcaire carbonifère que dans les moyennes. C'est ainsi qu'on la rencontre assez communément aux environs de Glasgow (Écosse), de Settle et de Bolland (Yorkshire), de Lowick (Northumberland), de Little-Island (Irlande) et de Visé. Elle est plus rare en Russie et en Amérique, ainsi qu'à Tournai et à Waulsort. Je n'en connais de Bleiberg que le moule figuré dans mon travail actuel.

(1) *Monogr. of brit. carb. Brach.*, p. 172, pl. 33, fig. 15.

11. — PRODUCTUS BUCHIANUS, *L.-G. de Koninck.*

(Pl. I, fig. 17, *a* et *b*.)

PRODUCTUS BUCHIANUS. L.-G. de Koninck, 1847. *Rech. sur les anim. foss.*, t. I, p. 129, pl. XVIII, fig. 4.
STROPHALOSIA BUCHIANA. W. King, 1850. *Monogr. of the permian foss. of England*, p. 94.
STROPHALOSIA ? BUCHIANA. v. Semenow, 1854. *Die Foss. des Schles. Kohlenk.*, p. 51.
PRODUCTUS BACHIANUS. Norwood and Pratten, 1854. *Journ. of the Acad. of nat. Sc. of Philadelp.*, t. III, p. 20.

Ainsi que je l'ai fait observer dans la description détaillée que j'en ai publiée déjà, cette élégante espèce se rapproche des *P. Goldfussi* et *Murchisonianus* et des autres espèces, dont M. King a formé son genre *Strophalosia*. Cependant et contrairement à l'assertion de cet auteur, aucun des échantillons bien conservés que j'ai eus sous les yeux, ne porte la moindre trace d'aréa. Il est probable qu'il aura confondu avec elle l'impression assez profonde et assez large, produite sur les moules internes de cette espèce qu'il a eu l'occasion d'observer dans la collection de M. Davidson, par le bourrelet qui épaissit intérieurement le bord cardinal des valves et qui simule assez bien une aréa, chez la plupart des *Productus* dont le test a disparu. C'est une nouvelle preuve du peu de solidité du caractère principal qui a servi à créer le genre *Strophalosia*.

L'échantillon de Bleiberg que j'ai représenté fait bien ressortir les caractères essentiels qui distinguent le *P. Buchianus*. On y remarque surtout les ornements des bandelettes et les empreintes musculaires; ces dernières sont relativement beaucoup plus courtes et dirigées plus obliquement vers le processus cardinal de la valve dorsale, que chez le *P. punctatus*. En même temps la crête qui sert à renforcer ce processus occupe les trois quarts de la longueur de la valve dans cette dernière espèce, tandis que dans l'autre, elle n'atteint pas même la moitié. On s'en assurera facilement en comparant la fig. 17*b* avec la fig. 19*b* de la planche I.

Gisement et localités. — Cette espèce n'a encore été trouvée que dans les assises carbonifères de Visé et de Bleiberg et dans celles de Big-Creek (Indiana).

V. PRODUCTI CAPERATI.

12. — PRODUCTUS ACULEATUS, *Martin.*

(Pl. I, fig. 20.)

ANOMITES ACULEATUS.	Martin, 1809. *Petrific. derbiens.*, p. 8, pl. 59, fig. 9 et 10 (non Schl.)
PRODUCTUS ACULEATUS.	Sowerby, 1814. *Miner. Conch.*, t. 1, p. 156, pl. 68, fig. 4.
— —	L.-G. de Koninck, 1847. *Recherches sur les anim. foss.*, t. I, p. 144, pl. 16, fig. 6.
— —	J. Morris, 1854. *Cat. of brit. foss.*, p. 145.
— —	v. Semenow, 1854. *Foss. des Schles. Kohlenk.*, p. 45.
— —	Mc Coy, 1855. *Brit. palaeoz. foss.*, p. 458.
— GRYPHOIDES (part.)	d'Eichwald, 1860. *Lethaea rossica*, t. I, p. 889.
— ACULEATUS.	T. Davidson, 1860. *Mon. of the carb. Brach. of Scott.*, p. 45, pl. 2, fig. 20.
— YOUNGIANUS.	T. Davidson, 1860. *Ibid.*, p. 45, pl. 2, fig. 26 and pl. 5, fig. 7.
— ACULEATUS.	T. Davidson, 1861. *Monogr. of the brit. carb. Brach.*, p. 166, pl. 33, fig. 16-20.
— YOUNGIANUS.	T. Davidson, 1861. *Ibid.*, p. 167, pl. 33, fig. 21-23.
— ACULEATUS.	J. Auerbach, 1862. *Bullet. de la Soc. imp. des nat. de Moscou*, t. XXXV, p. 231, pl. 8, fig. 3.
— FALLAX.	Pander *ex fide* P. Semenow et v. Möller, 1864. *Bull. de l'Acad. imp. de St-Pétersb.*, t. VII, p. 231, pl. 3, fig. 2.
— ACULEATUS.	J. Armstrong, 1871. *Trans. of the geol. Soc. of Glasgow*, t. III, suppl., p. 39.
— YOUNGIANUS.	J. Armstrong, 1871. *Ibid.*, p. 41.

Coquille de taille moyenne ou médiocre, à contour subovale ou arrondi, jamais transverse, à oreillettes petites et facilement caduques; test mince, laminaire et luisant; bord cardinal droit, mais n'atteignant pas la dimension du diamètre transverse. Valve ventrale régulièrement voûtée, subsemi-globulaire ou semi-ovoïde, non sinuée; crochet petit, quoique dépassant le bord cardinal; surface irrégulièrement ornée de tubercules allongés, servant de base à des tubes cylindriques courts et spiniformes; ces tubercules s'observent principalement sur la partie viscérale la plus rapprochée du crochet, mais à mesure que la coquille grandit, ils s'allongent et finissent par se transformer en véritables côtes irrégulières et rugueuses. Lorsque semblable modification se manifeste dès le jeune âge, il se produit la variété que j'ai désignée en 1842 sous le nom de *P. gryphoïdes* (1) et qui, en 1860, a été décrite

(1) *Description des anim. foss. du terr. carb. de Belg.*, p. 182.

par M. Davidson sous le nom de *P. Youngianus*. Une étude approfondie de ces variétés, faite sur un nombre très-considérable d'échantillons recueillis soit par moi-même, soit par les paléontologistes les plus distingués de Glasgow dont les collections m'ont été généreusement ouvertes pendant mon séjour dans cette ville, m'a convaincu que l'on peut rattacher graduellement les échantillons uniquement chargés de tubercules, à ceux dont toute la surface est couverte de côtes, par un grand nombre d'intermédiaires, dont la différence est à peine sensible, lorsqu'on les compare successivement deux à deux. C'est donc avec raison que M. Davidson a fait ses réserves relativement au *P. Youngianus* et qu'il a fait observer qu'en réalité il pourrait bien constituer une simple variété de l'espèce décrite par Martin (1). Les ornements que je viens d'indiquer ne sont pas les seuls dont la surface est chargée. En l'examinant à la loupe, on y découvre de petites stries concentriques, un peu onduleuses, déterminées par l'accroissement successif de la coquille.

Valve dorsale très-concave et très-rapprochée de la valve opposée, dont elle suit les mouvements et dont elle possède les ornements en creux.

Gisement et localités. — Cette espèce se trouve à la fois dans les assises supérieures et moyennes du terrain carbonifère. Elle est plus abondante dans les premières que dans les autres. Elle n'est pas rare à Visé et la variété *Youngianus* se trouve en assez grande quantité aux environs de Glasgow; elle est plus rare à Little-Island en Irlande, à Settle et à Bolland en Yorkshire, à Cosatchi-Datchi, dans l'Oural et à Bleiberg en Carinthie, quoique les roches de toutes ces localités appartiennent au même niveau géologique; néanmoins, elle est beaucoup plus rare encore dans le calcaire moyen de Tournai et de Waulsort.

II. — Genre CHONETES, *Fischer de Waldheim.*

Depuis 1843, époque à laquelle je me suis entendu avec M. Éd. de Verneuil pour le rétablir sur de nouvelles bases, ce genre créé par Fischer de Waldheim, a été généralement adopté et n'a subi que de faibles modifications dans sa définition.

Aux caractères indiqués en 1847 dans ma *Monographie des Productus et des Chonetes* (p. 180) viennent se joindre quelques autres que l'on doit à la découverte d'un

(1) *Mon. of the brit. carb. Brachiopoda*, p. 168.

certain nombre de valves bien préservées dont on a pu étudier la structure interne. C'est ainsi qu'il a été possible de s'assurer que toutes les espèces ont une charnière articulée, que leurs impressions vasculaires et musculaires sont en général très-petites et que chez les espèces à côtes rayonnantes la surface interne de chacune des deux valves est garnie d'un grand nombre de granulations ou petites pointes saillantes qui, vers les bords, sont disposées en séries correspondant aux côtes.

Parmi les fossiles de Bleiberg que j'ai eu occasion d'examiner, je n'ai rencontré que trois espèces de *Chonetes*. Toutes les trois sont déjà connues depuis longtemps.

La première appartient à la division des *Pilosae*, la seconde à celle des *Comatae*, et la troisième à celle des *Concentricae*, telles que je les ai établies dans ma Monographie du genre.

1. — CHONETES BUCHIANA, *L.-G. de Koninck*.

(Pl. II, fig. 1, *a* et 1, *b*.)

Chonetes Buchiana. L.-G. de Koninck, 1843. *Descript. des anim. foss. du terr. carb. de Belg.*, p. 208, pl. 13, fig. 1.
— — de Verneuil, 1845. *Russia and the Ural mount.*, t. II, p. 241.
— — L.-G. de Koninck, 1847. *Recherches sur les anim. foss.*, t. I, p. 218, pl. XX, fig. 17.
— — T. Davidson, 1861. *Monogr. of Scottish. carbon. Brachiop.*, p. 51, pl. II, fig. 1.
— — T. Davidson, 1862. *Monogr. of Brit. carb. Brachiop.*, p. 184, pl. XLVII, fig. 1-7 (fig. 28 exclusâ) et pl. LV, fig. 12.
— — J. Armstrong, 1871. *Trans. of the geol. Soc. of Glasgow*, vol. III, suppl., p. 57.

Coquille de taille moyenne, transverse, semi-circulaire, environ d'un tiers plus large que longue, ayant sa plus grande largeur au bord cardinal. Valve ventrale convexe, à oreillettes presque planes et à peu près entièrement lisses. Valve dorsale concave, très-rapprochée de la valve opposée dont elle suit la courbure. L'aréa de chacune de ces valves est peu développée; celle de la valve dorsale est un peu plus étroite que l'autre, laquelle est partagée en deux par une fissure étroite, recouverte d'un pseudodeltidium. Quelques échantillons belges m'ont permis de constater que l'arête cardinale est ornée, de chaque côté du crochet, de huit à dix tubes minces, droits ou faiblement arqués, et insérés obliquement par rapport à cette arête.

Chacune des deux valves est garnie de vingt à vingt-quatre plis rayonnants, rarement dichotomes, à arêtes vives et séparés par des sillons de même largeur et assez profonds.

Sauf la crête médiane du processus cardinal de la valve dorsale, les autres parties internes n'ont laissé subsister que de faibles traces sur les nombreux moules de cette espèce que j'ai eu occasion d'observer. C'est à peine que j'y ai pu constater la présence des empreintes musculaires, qui sont extrêmement petites et étroites. Par contre, ces moules ont conservé les traces des nombreuses petites pointes dont l'intérieur des valves était garni et qui y sont représentées par de petits enfoncements semblables à des piqûres d'épingle, ainsi qu'on peut l'observer sur l'échantillon représenté planche II, fig. 1*b*. Le test est extrêmement mince et les échantillons qui en sont garnis sont très-rares en Belgique. M. Davidson a pu s'assurer par l'inspection d'un grand nombre d'échantillons découverts aux environs de Bristol, par M. W.-W. Stoddart, que lorsque le test est bien conservé, sa surface est ornée d'un grand nombre de stries concentriques et que les côtes sont hérissées de petites épines sur toute leur étendue ([1]).

Rapports et différences. — Cette espèce est en général facile à distinguer de toutes ses congénères par le petit nombre et la largeur des plis dont sa surface est couverte. Selon mon savant ami M. T. Davidson, le nombre de ces plis varierait entre douze et trente. Je dois cependant faire remarquer que les échantillons belges qui m'ont servi à établir l'espèce, ne m'ont jamais offert ces limites extrêmes et que le maximum de plis que j'ai pu constater ne dépassait pas le nombre de vingt-quatre. Je ne puis donc pas admettre que le *Chonetes crassistria*, Mr Coy, ne soit qu'une variété de celle-ci, à côtes plus étroites et plus nombreuses, ainsi que M. Davidson semble être disposé à le croire. Je possède d'excellents échantillons de l'espèce irlandaise qui me prouvent que ses côtes sont toujours plus nombreuses que celles du *C. Buchiana*.

Gisement et localités. — J'ai découvert cette espèce en 1842, dans le calcaire carbonifère de Visé. Depuis cette époque, elle a été signalée dans le calcaire carbonifère de Bristol, de Settle (Yorkshire) et de Gare en Écosse; dans le schiste carbonifère de Malham-Moor (Yorkshire), de Bundoran, en Irlande, et de Rutcheugh, dans le Northumberland (Davidson), ainsi que dans le calcaire carbonifère de Millborne, de Campsie et de Braidwood en Écosse (Armstrong et Young). M. Wright l'a rencontrée dans le calcaire carbonifère de Little-Island, en Irlande.

Elle parait bien rare à Bleiberg, d'où je ne connais que le seul fragment figuré.

([1]) *Monogr. of the carb. Brachiop.*, pl. LV, fig. 12. (Explication de la planche.)

2. — CHONETES LAGUESSIANA, *L.-G. de Koninck.*

(Pl. II, fig. 2, *a*, *b*, *c*.)

PECTEN.	Ure, 1793. *Hist. of Rutherglen.*, p. 317, pl. 16, fig. 10 et 11.
CHONETES LAGUESSIANA.	L.-G. de Koninck, 1843. *Descript. des anim. foss. du terr. carb. de Belg.*, p. 211, pl. 12bis, fig. 4.
— —	E. de Verneuil, 1845. *Russia and the Ural mount.*, vol. II, p. 241.
— —	L.-G. de Koninck, 1847. *Rech. sur les anim. foss.*, p. 198, pl. 20, fig. 6.
— VARIOLATA (partim.)	L.-G. de Koninck. *Ibid.*, p. 206, pl. 19, fig. 5.
— GRANULIFERA.	D.-D. Owen, 1852. *Report of a. geol. survey of Wisconsin, Iowa and Minnesota*, p. 585, pl. 5, fig. 12.
— LAGUESSIANA.	v. Semenow, 1854. *Foss. des Schles. Kohlenk.*, p. 33, pl. 1, fig. 7, 10 et 13.
— —	J. Morris, 1854. *Cat. of britt. foss.*, p. 135.
— SMITHII.	Norwood and Pratten, 1854. *Journ. of the Acad. of nat. Sc. of Philad.*, t. III, p. 24, pl. 2, fig. 2.
— FLEMINGII.	Norwood and Pratten. *Ibid.*, p. 26, pl. 2, fig. 5.
LEPTAENA (*Chonetes*) HARDRENSIS.	Mc Coy, 1855. *Brit. palaeozoïc fossils*, p. 454.
CHONETES HARDRENSIS.	T. Davidson, 1860. *Monogr. of the carb. Brach. of Scotland*, p. 49, pl. 2, fig. 2.
— —	T. Davidson, 1861. *The Geologist*, t. IV, p. 50.
— —	T. Davidson, 1861. *Monogr. of the Brit. carb. Brach.*, p. 186, pl. 47, fig. 12-18.
— —	S. Gray, 1865. *Biogr. notice of D. Ure*, p. 53.
— FLEMINGI.	Geinitz, 1866. *Carbonf. u. Dyas in Nebraska*, p. 59.
— HARDRENSIS (var. THIBETENSIS).	T. Davidson, 1866. *Quart. journ. of the geol. Soc. of London.*, t. XXII, p. 39, pl. 1, fig. 7.
— — —	J. Armstrong, 1871. *Trans. of the geol. Soc. of Glasgow*, t. III, suppl., p. 37.

Coquille subsemi-circulaire, à bord cardinal droit, ordinairement d'un tiers plus large que longue. Valve ventrale assez faiblement, mais régulièrement bombée, à oreillettes légèrement déprimées, quelquefois un peu arrondies à leurs extrémités, mais le plus souvent terminées par un angle presque droit; son crochet est petit et à peine recourbé; son aréa est un peu plus élevée que celle de la valve opposée et porte dans son milieu une petite fente deltoïdale au fond de laquelle on observe l'extrémité du processus cardinal de la valve dorsale. A son intérieur elle est garnie d'un septum médian qui de la fente se prolonge jusque vers le milieu de la longueur de la valve et se termine par une petite bifurcation; les empreintes des muscles adducteurs sont très-petites, mais bien prononcées; celles des muscles cardinaux, au contraire, sont très-développées, quoique moins bien marquées; le restant de la surface, à l'exception d'une petite bande marginale, est couvert d'un grand nombre de petites aspérités ou granulations saillantes qui ont probablement servi de base à des prolongements extérieurs dont la plupart ont disparu pendant l'accroissement de la coquille; sur les bords, ces granulations sont beaucoup plus petites et disposées par séries parallèles entre-elles, très-serrées et très-nombreuses paraissant correspondre aux côtes de la surface extérieure et former une petite frange tout autour des bords libres de la valve.

Valve dorsale convexe et suivant à une faible distance les contours de la valve opposée. En général les diverses empreintes musculaires y sont mieux prononcées que sur la valve dorsale; le reste de la surface interne est couvert de petites granulations semblables à celles qui garnissent l'intérieur de la valve opposée et qui sont assez bien représentées par la fig. 2c de la pl. II; la disposition de la bande marginale est la même que celle observée sur la valve ventrale.

La surface de chacune des deux valves est couverte de petites côtes rayonnantes fréquemment dichotomes dont le nombre varie de quatre-vingts à cent quarante sur les bords et dont celles de la valve ventrale ont souvent conservé des traces de l'existence de petits prolongements tubulaires spiniformes. Le bord cardinal supérieur de cette même valve est garni, de chaque côté du crochet, de six à huit petits tubes insérés obliquement sur ce bord à peu près à égale distance l'un de l'autre.

Rapports et différences. — Peu d'espèces ont eu, comme celle-ci, le privilége d'être aussi longuement discutées et d'être l'objet d'appréciations aussi diverses et sur lesquelles on n'est pas encore complétement tombé d'accord. Mon savant ami M. Davidson est d'avis qu'elle est identique avec celle que M. Phillips a découverte dans les assises dévoniennes supérieures des environs de Torquay, et qu'il a décrite sous le nom de *Chonetes* (*Orthis*) *Hardrensis.* Quelle que soit la déférence que j'ai pour l'opinion d'un savant qui a consacré la majeure partie de sa vie et de son temps à l'étude des Brachiopodes, il m'est impossible de m'y rallier. Je dois avouer néanmoins que je ne maintiens pas la manière de voir que j'ai exprimée dans ma *Monographie des Chonetes,* sur l'identité de l'espèce décrite par M. Phillips, avec celle désignée par Schlotheim, sous le nom de *Terebratulites sarcinulatus,* mais que je persiste à croire celle-ci identique au *Chonetes* (*Leptaena*) *sordida* de Sowerby.

Les principaux motifs qui m'engagent à considérer le *C. Hardrensis* comme différent de mon *C. Laguessiana*, sont les suivants :

L'espèce dévonienne n'atteint jamais la taille de sa congénère; le nombre de ses côtes rayonnantes est toujours inférieur à celui d'un échantillon carbonifère de même taille; ces côtes sont moins saillantes parce que les stries qui les séparent les unes des autres sont moins profondes; sa valve dorsale est plus plane et les empreintes musculaires de sa valve ventrale sont moins développées; les granulations qui couvrent la surface interne des deux valves sont aussi moins apparentes.

Je sais bien que ces caractères différentiels ne sont pas assez prononcés pour qu'à première vue il soit facile de distinguer les uns des autres, certains échantillons des deux espèces, mais je suis persuadé que par une comparaison minutieuse, on y arrivera toujours. On pourrait plus facilement admettre leur identité, si les caractères de chacune d'elles n'étaient pas aussi constants que j'ai pu le remarquer et si les deux coquilles appartenaient à des couches géologiques contiguës; mais l'une provient des assises dévoniennes et l'autre des assises carbonifères supérieures; il faudrait donc admettre que l'espèce ait disparu pendant tout le temps qui s'est écoulé entre le dépot des dernières couches dévoniennes et la formation des couches carbonifères les plus récentes pour reparaître ensuite dans celles-ci et pour s'y éteindre de nouveau.

Je suis d'accord avec M. Davidson pour déclarer que j'ai eu tort d'identifier le *Chonetes,* si abondant dans les couches carbonifères des environs de Glasgow et assez bien figuré par Ure, avec le *C. variolata* de d'Orbigny; dans un récent voyage en Écosse j'ai pu m'assurer que cette espèce ne différait en rien de mon *C. Laguessiana* et que c'est à lui qu'elle devait être définitivement assimilée.

3. — CHONETES KONINCKIANA ? *v. Semenow.*

(Pl. II, fig. 3.)

Chonetes Koninckiana. v. Semenow? 1854. *Zeits. der deuts. geol. Gesells.*, p. 36, pl. 1, fig. 9.

Coquille transverse, subelliptique, ayant son plus grand diamètre vers le milieu de sa longueur. Valve ventrale faiblement bombée, avec une large dépression dans son milieu; bord cardinal droit, muni de quatre tubes de chaque côté du crochet. Valve dorsale presque plane et séparée de la valve opposée par un faible espace. Aréa peu élevée et semblable à celle de la plupart des autres espèces. La surface extérieure des deux valves ne porte aucune trace de stries rayonnantes; elle est simplement garnie de stries concentriques d'accroissement qui servent à la rendre légèrement onduleuse.

Ce n'est qu'avec un certain doute que je rapporte l'échantillon dont je donne ici la figure, à l'espèce décrite par v. Semenow. En effet, je n'ai pu y découvrir la moindre trace de l'existence de tubes marginaux; mais je n'en connais pas d'autre avec laquelle il présente plus d'analogie; sa forme rappelle un peu celle de certains moules du *Strophomena analoga*, Phill.; néanmoins l'absence de stries rayonnantes et la différence dans la forme des empreintes musculaires ne permet pas de l'identifier avec lui.

Ce *Chonetes* ne saurait être confondu avec mon *C. concentrica*, dont les plis sont beaucoup plus épais et plus réguliers.

Famille : STROPHOMENIDAE.

Cette famille se compose d'un certain nombre de genres dont la plupart sont paléozoïques et dont trois seulement ont des représentants dans le terrain carbonifère, à savoir : les genres *Strophomena, Orthotetes et Orthis*. Le caractère essentiel par lequel cette famille semble se distinguer de celle des Productidae, consiste dans l'absence absolue et constante des empreintes réniformes que l'on observe à l'intérieur des divers groupes appartenant à cette dernière famille.

I. — Genre ORTHOTETES, *Fischer de Waldheim.*

Orthotetes. Fischer de Waldheim, 1829. *Bull. de la Soc. imp. des nat. de Moscou*, pp. 375 et 1837. *Oryct. du gouvern. de Moscou*, p. 133, pl. 20, fig. 4.

Streptorynchus. W. King, 1850. *Mon. of engl. permian foss.*, p. 109.

Ce genre a été établi en 1829 par Fischer de Waldheim sur une valve dorsale assez bien isolée de l'espèce désignée en 1836 par M. Phillips sous le nom de *Spirifer crenistria*, qui avait été recueillie par Evans dans le calcaire carbonifère de Kalouga, près Moscou. Il eût été assez difficile de saisir les caractères de ce genre, si l'auteur n'eût pas représenté par d'assez bonnes figures l'échantillon qui lui a servi de type; car ce n'est qu'avec doute qu'il le rapproche en dernier lieu des Brachiopodes.

M. le professeur King, n'ayant probablement pas eu l'occasion de consulter l'ouvrage de Fischer, à cause de sa rareté, fut conduit à son tour à proposer en 1850 la création d'un genre nouveau en faveur de l'espèce qui avait servi pour le même objet au paléontologiste russe et le désigna sous le nom de *Streptorynchus*. Ce nom fut généralement adopté en Angleterre et les excellentes descriptions et figures qui en furent publiées par M. Davidson, contribuèrent largement à produire ce résultat; toutefois, à cause de la grande ressemblance d'une partie de ses caractères avec ceux du genre *Strophomena*, cet auteur ne lui a attribué que la valeur d'un *sous-genre* (1). Il suffit de comparer les dates que je viens d'indiquer pour comprendre que selon les règles généralement adoptées dans les sciences naturelles, c'est le nom générique proposé par Fischer de Waldheim qui doit obtenir la préférence sur celui dont on a fait usage jusque maintenant.

Les *Orthotetes*, possédant une aréa bien développée et étant garnis d'ornements extérieurs semblables à ceux des *Orthis*, ont souvent été confondus avec ceux-ci, quoiqu'ils s'en distinguent totalement par leur structure interne; mais cette aréa, étant sujette à se déformer et à entraîner en même temps la déformation de toute la coquille, peut causer une altération plus ou moins profonde des ornements extérieurs et jeter le naturaliste dans la plus grande perplexité pour la détermination des espèces. C'est ce qui m'est arrivé aussi bien qu'à M. Davidson pour les *Orthotetes* carbonifères.

Cet éminent paléontologiste, après avoir rassemblé et consciencieusement étudié plusieurs centaines d'échantillons de toutes les formes, a pu se convaincre qu'il n'existe pas de caractère suffisant et assez permanent pour en faire plusieurs espèces distinctes; après avoir hésité pendant quelque temps, il s'est décidé à les réunir tous sous le nom spécifique de *O. crenistria*, sous lequel il désigne spécialement les échantillons ressemblant à celui figuré en premier lieu sous ce nom par M. Phillips, pris pour type, et à considérer les autres comme de simples variétés de la même espèce. L'étude approfondie du même sujet que j'ai eu l'occasion de faire récemment dans les principales collections de l'Angleterre et de l'Écosse, m'a conduit au même résultat, de sorte qu'aujourd'hui je partage complétement la manière de voir du savant paléontologiste anglais, et je m'y rallie sans réserve.

(1) Je crois devoir déclarer que je ne suis pas partisan de ce terme hybride et que je forme des vœux pour le voir disparaître au plus tôt de la nomenclature scientifique.

1. — ORTHOTETES CRENISTRIA, *J. Phillips.*

(Pl. II, fig. 4.)

PECTEN.	Ure, 1793. *Hist. of Rutherglen.*, p. 318, pl. 14, fig. 19.
ORTHOTETES.	Fischer de Waldheim, 1829. *Bull. de la Soc. imp. des nat. de Moscou*, p. 375.
SPIRIFERA CRENISTRIA.	J. Phillips, 1836. *Geol. of Yorks.*, t. II, p. 216, pl. 9, fig. 6.
— SENILIS.	Phillips, 1837. *Ibid.*, p. 216, pl. 9, fig. 5.
ORTHOTETES.	Fischer de Waldheim, 1837. *Oryct. du gouv. de Moscou*, p. 133, pl. 20, fig. 4.
LEPTAENA ANOMALA.	J. de C. Sowerby, 1840. *Miner. conch.*, t. VII, p. 9, pl. 615, fig. 1b (fig. 1a, 1d et 1c exclusis).
ORTHIS UMBRACULUM.	Portlock, 1843. *Report on the geol. of the county of Londond., Tyrone and Ferman.*, p. 456, pl. 37, fig. 5 (non v. Buch.).
— SHARPEI.	J. Morris, 1843. *Cat. of brit. foss.*, p. 216.
— UMBRACULUM.	L.-G. de Koninck, 1843. *Descr. des anim. foss. du terr. carb. de Belg.*, p. 222, pl. 13, fig. 4-7, et pl. 13bis, fig. 7.
— CRENISTRIA.	Mc Coy, 1844. *Syn. of the carb. foss. of Irel.*, p. 123. pl. 20, fig. 18.
— QUADRATA ?	Mc Coy, 1844. *Ibid.*, p. 126.
— COMATA.	Mc Coy, 1844. *Ibid.*, p. 122, pl. 22, fig. 5.
— BECHEI.	Mc Coy, 1844. *Ibid.*, p. 122, pl. 22, fig. 3.
— CADUCA.	Mc Coy, 1844. *Ibid.*, p. 122, pl. 22, fig. 6.
CYRTIA SENILIS.	Mc Coy, 1844. *Ibid.*, p. 138.
ORTHIS CRENISTRIA.	de Verneuil, 1845. *Russ. and the Ural mount.*, t. II, p. 175, pl. 11, fig. 4.
— SHARPEI.	de Keyserling, 1846. *Reise in das Petshora-Land*, p. 221, pl. 7, fig. 5.
— CRENISTRIA.	L.-G. de Koninck, 1851. *Description des anim. foss. du terr. carbon. de Belg.*, Suppl., p. 655.
— UMBRACULUM ?	D.-D. Owen, 1852. *Report of a geol. survey of Wisconsin, Iowa and Minnesota*, p. 133, pl. 5, fig. 11.
LEPTAENA SHARPEI.	J. Morris, 1854. *Cat. of brit. foss.*, 2nd ed., p. 138.
STROPHALOSIA STRIATA.	J. Morris, 1854. *Ibid.*, p. 155.
ORTHISINA CRENISTRIA.	v. Semenow, 1854. *Die foss. des Schles. Kohlenk*, p. 26.
— QUADRATA ?	v. Semenow, 1854. *Ibid.*, p. 28, pl. 2, fig. 2.
LEPTAENA CRENISTRIA.	Mc Coy, 1855. *Brit. palaeoz. foss.*, p. 450.
— SENILIS.	Mc Coy, 1855. *Ibid.*, p. 452.
ORTHIS ROBUSTA.	J. Hall, 1858. *Report on the geol. survey of Iowa*, t. II, p. 713, pl. 28, fig. 5.
— CRENISTRIA.	J. Marcou, 1858. *Geol. of North-Amer.*, p. 49.
ORTHISINA CRASSA ?	Meek and Hayden, 1858. *Proceed of the Acad. of nat. sc. of Philadelp.*, p. 260.
ORTHIS LASALLENSIS.	Mc Chesney, 1859. *Descr. of new. spec. of foss.*, p. 32, pl. 1, fig. 6.
ORTHISINA CRENISTRIA.	d'Eichwald, 1860. *Lethaea rossica*, t. I, p. 846, pl. 33, fig. 15.
— SCYTICA.	d'Eichwald, 1860. *Ibid.*, p. 850, pl. 26, fig. 3.
STREPTORYNCHUS CRENISTRIA.	T. Davidson, 1860. *Monogr. of carb. Brach. of Scotl.*, p. 32, pl. 1, fig. 16-25.
— —	T. Davidson, 1861. *Monogr. of brit. carb. Brachiop.*, p. 124, pl. 26, fig. 1, pl. 27, fig. 1-5 and 10? and pl. 30, fig. 14-16.
— —	T. Davidson, 1861. *Quart. journ. of the geol. Soc. of London*, t. XVIII, p. 30.

Streptorynchus crenistria (var. robustus).	T. Davidson, 1861. *Ibid.*, p. 30, pl. 1, fig. 16.
— —	J. Auerbach, 1862. *Bull. de la Soc. imp. des nat. de Moscou*, t. XXXV, p. 234, pl. 8, fig. 12.
— —	T. Davidson, 1863. *Mém. de la Soc. royale des Sc. de Liége*, t. XVIII, p. 588, pl. 10, fig. 16.
Hemipronites crassus?	Meek and Heyden, 1864. *Palaeont. of the upper Missouri*, p. 26, pl. 1, fig. 7.
Streptorynchus crenistria?	Beyrich, 1864. *Abhandl. der Kön. Akademie der Wiss. zu Berlin*, p. 82.
— radialis.	Beyrich, 1864. *Ibid.*, p. 82.
Orthisina planiuscula.	P. Semenow u. v. Möller, 1864. *Bull. de l'Acad. imp. de St-Pétersb.*, t. VII, p. 249, pl. 2, fig. 9.
Streptorynchus crenistria (var. robusta.)	J. Thomson, 1865. *Trans. of the geol. Soc. of Glasgow*, t. II, p. 85, pl. 2, fig. 1.
— —	J. Gray, 1865. *Biogr. notice of D. Ure*, p. 52.
Orthis crenistria.	Geinitz, 1866. *Kohlenform. u. Dyas, in Nebraska*, p. 46, pl. 5, fig. 20 u. 20.
Streptorynchus crenistria.	Armstrong, 1871. *Proc. of the geol. Soc. of Glasgow*, t. III, suppl., p. 43.

Coquille pouvant acquérir une taille assez considérable, souvent de forme subsemi-circulaire, quelquefois plus ou moins déformée et irrégulière, tantôt très-déprimée, tantôt assez épaisse. Valve ventrale à courbure variable; presque nulle pour certains échantillons, mais fortement accentuée pour d'autres et dans ce cas donnant lieu à un profil subsemi-circulaire et régulier ou sigmoïdal; crochet très-prononcé, très-variable dans sa forme qui n'est pas toujours symétrique : lorsqu'il est tordu ou incliné d'un côté ou de l'autre, il entraîne l'irrégularité de toute la coquille et donne naissance à la variété plus particulièrement désignée sous le nom de *O. senilis;* la forme de son aréa varie avec celle du crochet : elle est triangulaire, à angle très-obtus chez les individus réguliers, à surface plane, à fissure médiane très-prononcée et fermée par un pseudodeltidium. Valve dorsale à profil non moins constant que celui de la valve opposée et variant de la ligne droite indiquant une surface plane à différents degrés de courbure; son aréa est presque linéaire.

La surface externe des deux valves est couverte d'un grand nombre de petites côtes principales, rayonnantes, ayant leur origine au crochet et s'étendant sur toute la longueur des valves sans se bifurquer; entre ces côtes principales qui par leur développement plus ou moins considérable produisent les variétés les plus remarquables de l'espèce et à une certaine distance du crochet, surgissent quelques côtes plus minces dont une ou deux s'épaississent à leur tour pour fonctionner de la même façon que les premières; tous ces ornements sont traversés par des stries concentriques d'accroissement qui ont pour effet de rendre les côtes un peu rugueuses sur les échantillons bien conservés.

La structure interne de cette espèce a été parfaitement décrite et figurée par M. Davidson.

Rapports et différences. — L'extrême variabilité des formes que l'on rapporte actuellement à cette espèce, jointe à la constance de quelques-unes dans certaines localités, ont été cause que plusieurs paléontologistes les ont considérées comme spécifiquement différentes et leur ont appliqué divers noms. M. Davidson, qui a eu à sa disposition un matériel considérable et qui a eu l'avantage de pouvoir comparer entre eux tous les types britanniques, a démontré l'impossibilité de les séparer nettement les uns des autres et la nécessité de les confondre dans une même espèce, tout en conservant quelques noms pour désigner les principales variétés.

J'admets avec lui que l'*Orthis robusta* de M. J. Hall est identique à l'*O. crenistria*, mais je n'oserais pas affirmer également que l'*O. Keokuk* du même auteur le soit. Cette dernière coquille que je ne connais que par la figure qui en a été publiée par M. J. Hall [1] me paraît avoir plus de rapports avec les *Orthis* qu'avec les *Orthotetes*; je ne suis pas éloigné de croire que cette figure ne représente qu'un grand échantillon d'*Orthis resupinata*, dont elle rappelle la forme et les ornements extérieurs. D'un autre côté, je suis porté à admettre que l'*Orthisina scytica*, d'Eichwald et l'*Hemipronites crassus*, Meek et Hayden, ne sont que des variétés locales de l'*O. crenistria*; mais rien ne pourra être décidé à cet égard d'une manière définitive qu'après inspection et comparaison minutieuse des échantillons types.

Gisement et localités. — Cette espèce est très-répandue dans les assises moyennes et supérieures du terrain carbonifère du continent européen; elle est plus rare en Amérique. Je n'en ai remarqué qu'un seul échantillon parmi les fossiles de Bleiberg.

[1] *Report of the geological survey of Iowa*, pl. 19, fig. 5.

II. — Genre ORTHIS, *Dalman*.

ORTHIS RESUPINATA, *Martin*.

(Pl. II, fig. 3, *a* et *b*.

Anomiae striatae.	Ure, 1793. *Hist. of Rutherglen*, p. 314, pl. 14, fig. 13 et 14.
Anomites resupinatus.	Martin, 1809. *Petrif. derb.*, p. 12, pl. 49, fig. 13 et 14.
Terebratula resupinata.	Sowerby, 1822. *Min. Conch.*, t. IV, p. 25, pl. 325.
Spirifera —	Phillips, 1836. *Geol. of Yorks.*, t. II, p. 220, pl. 11, fig. 1.
— connivens.	Phillips, 1836. *Ibid.*, fig. 2.
Spirifer striatulus.	Pusch., 1837. *Polen's Palaeont.*, p. 28.
— resupinatus.	v. Buch., 1837. *Abhandl. der K. Akad. d. Wiss. zu Berlin*, p. 55.
— —	v. Buch., 1840. *Mém. de la Soc. géol. de France*, t. IV, p. 203, pl. 10, fig. 32.
Orthis resupinata.	L.-G. de Koninck, 1843. *Descr. des anim. foss. du terr. carb. de Belg.*, p. 226, pl. 13, fig. 9 et 10 (synon. exclusâ) non *O. resupinata*, Phill., *Palaeoz. foss.*
Atrypa gibbera.	Portlock, 1843. *Report on the geol. of Londond., Tyrone and Ferman.*, p. 460, pl. 38, fig. 1.
Orthis resupinata.	Mc Coy, 1844. *Syn. of the carb. foss. of Irel.*, p. 126.
— gibbera.	Mc Coy, 1844. *Ibid.*, p. 124, pl. 18, fig. 9.
— latissima.	Mc Coy, 1844. *Ibid.*, p. 125, pl. 20, fig. 20.
— resupinata.	de Verneuil, 1845. *Russia and the Ural mount.*, t. II, p. 183, pl. 12, fig. 5 (fig. 6 et syn. exclusis.)
— Lyelliana?	L.-G. de Koninck, 1851. *Descr. des anim. foss.*, p. 656, pl. 56, fig. 1, suppl.
— resupinata.	T. Davidson, 1853. *Introduction to the nat. Hist. of the Brach.*, pl. 7, fig. 135.
— —	Morris, 1854. *Cat. of brit. foss.*, p. 141.
— —	Mc Coy, 1855. *Brit. palaeoz. foss.*, p. 449.
— resupinoides.	Cox, 1857. *Geological report of Kentucky*, t. III, p. 570, pl. 9, fig. 1.
— carbonaria.	Swallow, 1858. *Trans. of the Acad. of Sc. of St-Louis*, t. I, p. 218.
— Swallovi.	J. Hall, 1858. *Report on the geol. Survey of Iowa*, p. 597, pl. 12, fig. 5.
— Pecosii?	Marcou, 1858. *Geol. of North-Amer.*, p. 48, pl. 6, fig. 14.
— resupinata.	d'Eichwald, 1860. *Lethaea rossica*, t. I, p. 813.
— —	T. Davidson, 1860. *Monogr. of the carb. Brach. of Scotl.*, p. 28, pl. 1, fig. 11, 12, 13.
— —	T. Davidson, 1861. *Monogr. of the brit. carb. Brachiop.*, p. 130, pl. 29, fig. 1-6 and 30, fig. 1-5.
? ?	Meck, 1864. *Palaeont. of California*, t. I, p. 10, pl. 2, fig. 5.
Orthis striatula.	P. Semenow u. von Möller, 1864. *Bull. de l'Acad. impér. de St-Pétersb.*, t. VII, p. 249, pl. 2, fig. 10 et 11 (non Schloth.).
— —	Armstrong, 1871. *Trans. of the geol. Soc. of Glasgow*, t. III, Suppl., p. 59.
— carbonaria.	Meek, 1872. *Report on the palaeont. of east. Nebraska*, p. 173, pl. 1, fig. 8.

Lorsque la coquille de cette espèce a pu se développer normalement, elle atteint une taille assez considérable qui, pour certains échantillons, dépasse

6 centimètres de longueur. Dans ce cas, elle est transverse, de forme ovale ou elliptique et son épaisseur totale dépasse rarement le tiers de son diamètre transverse; vue de face, elle possède alors l'apparence d'une grosse lentille un peu irrégulière et déformée; dans des conditions moins favorables, elle reste plus petite, mais son épaisseur se développe aux dépens de ses autres dimensions au point de la rendre subglobuleuse. Quelle que soit la forme de la coquille, le bord cardinal surpasse rarement en étendue la moitié de celle du diamètre transverse. Chaque valve est garnie d'une aréa, celle de la valve ventrale est la plus grande et sa forme triangulaire est plus prononcée; son ouverture deltoïde est libre; la valve dorsale est toujours plus courbée et plus profonde que ne l'est la valve opposée; elle est souvent un peu déprimée ou sinuée dans sa partie médiane et régulièrement courbée sur les côtés; son crochet est plus épais et plus recourbé; la valve ventrale est en général assez régulièrement voûtée vers le crochet, mais en se développant elle s'aplanit vers les bords, lesquels se relèvent même un peu dans certains échantillons.

Toute la surface est couverte de petites côtes longitudinales arrondies, nettement séparées les unes des autres par des stries fines et assez profondes; leur nombre s'accroissant rapidement à une certaine distance du crochet, soit par bifurcation, soit par intercalation, leur diamètre reste sensiblement le même sur presque toute leur étendue; ces côtes s'épaississent légèrement de distance en distance et donnent naissance à de petites aspérités spiniformes dont le nombre s'accroît vers les bords; néanmoins il est rare de pouvoir en constater l'existence. Le test est perforé et traversé par d'innombrables petits canaux dont la présence se manifeste par l'existence de leurs orifices qui, sous la forme de petites ponctuations, couvrent la surface entière.

Les empreintes des muscles adducteurs et cardinaux de la valve ventrale sont étroites et si intimement unies qu'on a de la peine à distinguer leur démarcation. Sur la valve dorsale ces empreintes sont beaucoup plus prononcées ainsi qu'il sera facile de s'en assurer par l'inspection des figures publiées par M. Davidson [1].

Rapports et différences. — Cette espèce, étant susceptible de varier, a reçu des noms différents suivant les modifications qu'elle a subies; c'est ainsi que l'on a principalement désigné sous les noms de *O. connivens* et *gibbera* les variétés subglobuleuses et sous celui de *O. latissima* la variété si remarquable par son développement trans-

[1] *Monogr. of Brit. Brachiopoda*, pl. XXX, fig. 2-5.

verse. J'ai moi-même fait connaître en 1852 sous le nom d'*O. Lyelliana* une coquille que je suis disposé aujourd'hui à considérer comme une variété de l'*Orthis resupinata,* mais sur laquelle je ne me prononcerai définitivement que si le hasard me permet d'en étudier la structure interne.

On ne peut pas confondre cette espèce avec l'*O. Michelini,* Leveillé, ni avec l'*O. Keyserlingiana,* de Koninck, dont elle est voisine; elle se distingue de la première par sa forme transverse ainsi que par sa structure interne, et de la seconde par l'absence du sinus bien prononcé qui existe sur toute la longueur de la valve ventrale de cette dernière, depuis le crochet jusqu'au front et, en outre, par la forme de son aréa.

Gisement et localités. — L'*Orthis resupinata* a fait son apparition dans les assises inférieures du terrain carbonifère et s'est maintenue jusque dans les supérieures où elle s'est éteinte. On la trouve communément en Angleterre, en Écosse, en Irlande, en Silésie et en Belgique. Elle est plus rare en Amérique, en Russie et à Bleiberg.

FAMILLE : RHYNCHONELLIDAE.

Cette famille n'est représentée dans le terrain carbonifère que par les genres *Camarophoria* et *Rhynchonella.* Les assises de Bleiberg ne m'ont fourni aucune trace du premier de ces genres et seulement deux espèces du second.

GENRE RHYNCHONELLA, *Fischer de Waldheim.*

—

1. — RHYNCHONELLA ACUMINATA? *Martin* (var. PLATYLOBA, *Sowerby*).

(Pl. II, fig. 14).

CONCHILIOLITHUS ANOMITES ACUMINATUS?	Martin, 1809. *Petrif. Derbiensia,* p. 13.
TEREBRATULA PLATYLOBA.	Sowerby, 1825. *Miner. conch.,* t. V, p. 155, pl. 496, fig. 5 and 6.
— —	Fleming, 1828. *Brit. anim.,* p. 373.
RHYNCHONELLA ACUMINATA.	Morris, 1854. *A catal. of brit. foss.,* p. 146.
ATRYPA ACUMINATA.	A. d'Orbigny, 1850. *Prodr. de paléont.,* t. I, p. 146.
RHYNCHONELLA ACUMINATA (var. PLATYLOBA).	T. Davidson, 1861. *Monogr. of brit. carb. Brach.,* p. 96, pl. 21, fig. 14-20.

Cette espèce est très-sujette à varier. Comme chez toutes ses congénères dont le sinus et les plis se développent tardivement, les jeunes individus ne ressemblent pas

7

aux adultes et ce n'est que par l'étude d'un grand nombre d'échantillons de tout âge que l'on parvient à se rendre compte de l'identité spécifique des uns et des autres. Cette différence dans les caractères a été cause de beaucoup d'erreurs et de l'introduction de plusieurs noms inutiles dans la science.

Mon savant ami M. Davidson a fait de louables efforts pour dégager la synonymie de la *R. acuminata* de celles des espèces voisines. Je n'oserais pas affirmer qu'il ait complétement réussi et les caractères qu'il assigne aux *R. acuminata, cordiformis, reniformis* et *pugnus* diffèrent si peu les uns des autres que l'on est tenté de les considérer comme des variétés de la même espèce.

Comme j'aurai l'occasion de revenir bientôt sur ce sujet, je me bornerai à décrire l'échantillon unique que je rapporte à la variété de cette espèce que Sowerby a décrite sous le nom de *R. platyloba.*

Coquille petite de forme subtriangulaire à front arrondi; valve ventrale faiblement bombée, légèrement sinuée dans son milieu; crochet petit, pointu, à peine recourbé et peu renflé; valve dorsale un peu plus convexe que la valve opposée, portant un lobe médian peu prononcé et à côtés exempts de plis. Surface des deux valves garnie de stries d'accroissement concentriques, peu distinctes à l'œil nu.

Gisement et localités. — Cette variété a été indiquée par Sowerby dans le calcaire carbonifère de Clitheroë. Je l'ai observée dans celui du Yorkshire et de Visé. Il est assez remarquable que jusqu'ici elle n'ait pas encore été signalée en Écosse, tandis qu'elle est assez abondante en Angleterre. Elle est très-rare à Bleiberg.

2. — RHYNCHONELLA PLEURODON, *Phillips.*

(Pl. II, fig. 15.)

ANOMIAE STRIATAE.	Ure, 1793. *Hist. of Rutherglen.*, p. 313. pl. 14, fig. 6.
TEREBRATULA TRITOMA.	Fischer de Waldheim, 1809. *Notice des foss. du gouv. de Moscou*, p. 34, pl. 2, fig. 7, 8 et 9.
— MANTIAE?	Sowerby, 1821. *Miner. Conch.*, t. III, p. 137, pl. 277, fig. 1.
— PLEURODON.	J. Phillips, 1836. *Geol. of Yorks.*, t. II, p. 222, pl. 12, fig. 25-30 (non fig. 16).
— VENTILABRUM.	J. Phillips, 1836. *Ibid.*, p. 223, pl. 12, fig. 36, 38 and 39.
— PUGNUS.	Fischer de Waldheim, 1837. *Oryct. du gouv. de Moscou*, p. 147, pl. 23, fig. 5 (non Sowerby).
SPIRIFER TRIPLICATUS?	Kutorga, 1842. *Verh. der K. miner. Gesells. zu St-Petersb.*, p. 23, pl. 5, fig. 6.
TEREBRATULA PENTATOMA.	L.-G. de Koninck, 1843. *Descr. des anim. foss.*, p. 289, pl. 19, fig. 2 (non Fischer de Waldheim).

Atrypa pleurodon.	Mc Coy, 1844. *Syn of the carbon. foss. of Irel.*, p. 155.
— triplex.	Mc Coy, 1844. *Ibid.*, p. 157, pl. 22, fig. 17.
Terebratula pleurodon.	E. de Verneuil, 1845. *Russia and the Ural Mount.*, t. II, p. 79, pl. 10, fig. 2.
— —	de Keyserling, 1846. *Reise in das Petsch.-Land*, p. 239.
— pentatoma.	Bronn, 1848. *Nomenclator palaeont.*, p. 1245 (non Fischer de Waldheim).
Atrypa pentatoma.	A. d'Orbigny, 1850. *Prodr. de paléont.*, t. I, p. 147.
Terebratula pleurodon.	L.-G. de Koninck, 1851. *Descr. des anim. foss.* (supplément), p. 664.
Rhynchonella pleurodon.	J. Morris, 1854. *Cat. of brit. foss.*, p. 147.
— —	v. Semenow, 1854. *Foss. d. Schles. Kohlenk.*, p. 231.
Hemithyris —	Mc Coy, 1855. *Brit. palaeoz. foss.*, p. 382 and 441.
Rhynchonella —	T. Davidson, 1859. *Monogr. of the brit. carb. Brach.*, p. 101, pl. 23, fig. 1-15 (fig. 10*a* exclusâ).
— —	T. Davidson, 1860. *Monogr. of the carb. Brach. of Scotl.*, p. 26, pl. 1, fig. 3-5.
— pentatoma (partim).	d'Eichwald, 1860. *Lethaea ross.*, t. I, p. 752.
— pleurodon.	T. Davidson, 1861. *Quart. journ. of the geol. Soc. of London*, t. XVIII, p. 29.
— pleurodon ?	J. Auerbach, 1864. *Bull. de la Soc. imp. des nat. de Moscou*, t. XXXV, p. 233, pl. 8, fig. 9.
— —	J. Gray, 1865. *Biograph. notice of D. Ure*, p. 51.
— —	T. Davidson, 1866. *Quart. journ. of the geol. Soc. of London*, t. XXII, p. 39, pl. 1, fig. 2 and 3.
— —	J. Armstrong, 1871. *Trans. of the geol. Soc. of Glasgow*, t. III, suppl., p. 111.

Coquille de médiocre grandeur, ordinairement transverse, de forme ovale, à valves plus ou moins gibbeuses, garnies d'un nombre assez variable de plis rayonnants et tranchants, ayant leur origine aux crochets; ces plis sont séparés les uns des autres dans une grande partie de leur étendue par des sillons assez profonds et dont le fond est anguleux; les plis médians sont à peu près droits, tandis que les plis latéraux sont plus ou moins courbés suivant la place qu'ils occupent. Le crochet de la valve ventrale est petit, faiblement recourbé et peu saillant; immédiatement au-dessous de son extrémité pointue, on observe un deltidium percé d'une petite ouverture circulaire; son sinus est ordinairement assez large et généralement composé de quatre plis médians, séparés des plis latéraux par un des côtés beaucoup plus développé des deux plis adjacents; chez les individus adultes, ce sinus se relève brusquement vers le front après avoir atteint la moitié de sa longueur; la valve dorsale est assez régulièrement bombée; son lobe médian n'est pas souvent très-fortement prononcé; le nombre des plis qui concourent à sa formation est toujours supérieur d'une unité à celui qui sert à produire le sinus.

Rapports et différences. — Malgré la déférence que j'ai pour l'opinion de mon savant ami M. Davidson, il m'est impossible d'admettre avec lui que ma *Rhyncho-*

nella Davreuxiana ne soit qu'une variété de la *R. pleurodon*. Une nouvelle étude, faite sans la moindre idée préconçue, me donne la conviction que les deux formes sont parfaitement distinctes. Jamais la première n'atteint les dimensions de la seconde, ni à Visé, ni en Angleterre, ni en Écosse, et quoique les deux formes se présentent dans les mêmes localités, je ne trouve pas d'échantillons intermédiaires pour les relier l'une à l'autre. D'ailleurs chez les vraies *R. pleurodon*, les plis existent dès l'origine, tandis que chez les *R. Davreuxiana* ils ne se développent que plus tard, lorsque l'individu a atteint presque la moitié de sa croissance; en outre j'ai toujours trouvé le même nombre de plis dans le sinus (2) et sur le lobe médian (3) de plusieurs centaines d'échantillons que j'ai eu l'occasion d'examiner.

Je suis porté à croire que M. Davidson a commis une légère erreur en admettant que l'échantillon représenté par lui pl. XXIII, fig. 10*a*, ne forme qu'une variété de la *R. pleurodon;* il me semble que cet échantillon appartient plutôt à l'espèce que j'ai désignée sous le nom de *R. trilatera,* comme on pourra s'en assurer par la comparaison de la figure 25 de la planche XXIV du même auteur, avec celle que je viens de citer.

Gisement et localités. — Quoique cette espèce soit très-commune dans les diverses assises du calcaire carbonifère de l'Europe, je n'en ai trouvé qu'un moule assez défectueux à Bleiberg. Jusqu'ici son existence n'a pas encore été signalé avec certitude dans le terrain carbonifère de l'Amérique.

Famille : SPIRIFERIDAE.

De toutes les familles de Brachiopodes paléozoïques, la famille des *Spiriferidae* est celle qui se compose du plus grand nombre de genres; aucun de ces genres n'est exclusivement carbonifère, tandis qu'il y en a plusieurs qui n'ont leurs représentants que dans le terrain silurien ou dévonien.

Les genres *Athyris* et *Spirifer* sont les seuls dont on ait trouvé des espèces à Bleiberg.

I. — Genre ATHYRIS, M^c *Coy.*

—

1. — ATHYRIS AMBIGUA, *Sowerby.*

Spirifer ambiguus.	Sowerby, 1822. *Miner. conch.*, t. IV, p. 105, pl. 376.
— ambigua.	Defrance, 1827. *Dict. des sc. nat.*, t. L, p. 293.
— decussata.	Defrance, 1827. *Ibid.*, p. 293 (non Lamarck).
Terebratula ambigua.	Fleming, 1828. *Brit. anim.*, p. 371.
Delthyris —	Keferstein, 1834. *Naturges. des Erdk.*, t. II, p. 611.
Terebratula —	Deshayes, 1836. *Anim. sans vert. de Lamarck*, t. VII, p. 375.
— —	J. Phillips, 1836. *Geol. of Yorkshire*, t. II, p. 221, pl. 11, fig. 21.
Atrypa sublobata.	Portlock, 1843. *Report on the geol. of the County of Lond.*, p. 567, pl. 38, fig. 2.
Terebratula ambigua.	L.-G. de Koninck, 1843. *Desc. des anim. foss.*, p. 296, pl. 20, fig. 2.
— —	de Verneuil, 1845. *Russia and the Ural Mount.*, t. II, p. 59, pl. 9, fig. 12.
— ambigua ?	de Keyserling, 1846. *Geogn. Beobacht.*, p. 238, pl. 10, fig. 5.
— ambigua.	Bronn, 1848. *Nomencl. palaeont.*, p. 1228.
— Helmersenii.	Bronn, 1848. *Ibid.*, p. 1228 (non v. Buch.).
Spirigera ambigua.	A. d'Orbigny, 1850. *Prodr. de paléont.*, t. I, p. 151.
Athyris —	J. Morris, 1854. *Cat. of brit. foss.*, p. 130.
— —	Mc Coy, 1855. *Brit. palaeoz. foss.*, p. 432.
— —	T. Davidson, 1857. *Mon. of the brit. carb. Brach.*, p. 77, pl. 15, fig. 16-22.
— —	L.-G. de Koninck, 1859. *Mém. de la Soc. r. des Sc. de Liége*, t. 16, p. 32.
— —	T. Davidson, 1860. *Mon. of the carb. Brach. of Scotland*, p. 14, pl. 1*, fig. 6-9.
Spirigera —	d'Eichwald, 1860. *Lethaea rossica*, t. I, p. 737.
Athyris —	T. Davidson, 1862. *Monogr. of the brit. carb. Brach. (Appendix)*, p. 216, pl. 15, fig. 16-22 and pl. 17, fig. 11-14.
Spirigera subpyriformis ?	P. Semenow u. v. Möller, *Bullet. de l'Ac. imp. de St-Pétersbourg*, t. VII, p. 246, pl. 2, fig. 4.
Athyris ambigua.	J. Armstrong, 1871. *Trans. of the geol. Soc. of Glasgow*, t. III, suppl., p. 37.
— —	J. Thomson, 1865. *Trans. of the geol. Soc. of Glasgow*, t. II, p. 85, pl. 2, fig. 2.

Coquille de taille médiocre, de forme légèrement pentagonale, à peu près aussi longue que large; les deux valves sont à peu près également bombées; le crochet de la valve ventrale est assez épais, peu recourbé, tronqué et terminé par une ouverture circulaire bien prononcée; cette valve est munie d'un large sinus peu profond, correspondant au bourrelet de la valve opposée, lequel est souvent divisé en deux dans la majeure partie de sa longueur par un sillon médian peu prononcé. La surface des valves est généralement lisse ou uniquement ornée de quelques stries d'accroissement; néanmoins M. T. Thomson, de Glasgow, a remarqué sur certains échantillons bien conservés, des stries rayonnantes qui pourraient facilement induire en erreur et faire prendre pour une espèce distincte la variété qui en est pourvue. La structure interne a été parfaitement décrite et figurée par M. Davidson (1).

Rapports et différences. — Cette espèce a beaucoup de rapports avec les *A. globularis*, Phill. et *subtilita*, Hall, mais elle se distingue du premier par sa forme générale ainsi que par celle de son bourrelet et du second par le peu d'épaisseur de son test.

Gisement et localités. — Cet *Athyris* paraît appartenir exclusivement aux assises supérieures du terrain carbonifère. Il est assez abondant en Écosse et dans l'Yorkshire. On le trouve à Visé et à Bleiberg.

2. — ATHYRIS PLANO-SULCATA, *J. Phillips.*

SPIRIFERA PLANO-SULCATA.	J. Phillips, 1836. *Geol. of Yorks*, t. II, p. 220, pl. 10, fig. 15.
TEREBRATULA ROYSSII.	de Verneuil, 1840. *Bullet. de la Soc. géol. de France*, t. XI, p. 259, pl. 3, fig. 1*a* et 1*c* (fig. caet. exclusis), non Leveillé.
ATRYPA PLANO-SULCATA.	J. de C. Sowerby, 1840. *Miner. Conch.*, t. VII, p. 15, pl. 617, fig. 2.
— OBLONGA.	J. de C. Sowerby, 1840. *Ibid.*, p. 16, pl. 617, fig. 3.
TEREBRATULA PLANO-SULCATA.	L.-G. de Koninck, 1843. *Descr. des anim. foss.*, p. 301, pl. 21, fig. 2.
ATHYRIS —	Mc Coy, 1844. *Syn. of the carb. foss. of Irel.*, p. 148.
ACTINOCONCHUS PARADOXUS.	Mc Coy, 1844. *Ibid.*, p. 150, pl. 21, fig. 6.
ATRYPA ? OBTUSA.	Mc Coy, 1844. *Ibid.*, p. 155, pl. 22, fig. 20.
SPIRIGERA PLANO-SULCATA.	A. d'Orbigny, 1850. *Prod. de paléont.*, t. I, p. 151.
TEREBRATULA PLANO-SULCATA.	de Keyserling, 1854. *In Schrenk's Reise nach den Nordosten des europ. Russlands*, t. I, p. 91.
SPIRIGERA —	v. Semenow, 1854. *Die foss. des Schles. Kohlenk.*, p. 21.
ATHYRIS —	J. Morris, 1854. *Cat. of brit. foss.*, p. 151.
— PARADOXA.	Mc Coy, 1855. *Brit. palaeoz. foss.*, p. 436.
— SUBLAMELLOSA.	J. Hall, 1858. *Report on the Stat. of Iowa (Palaeontology)*, p. 702, pl. 27, fig. 1.
— PLANO-SULCATA.	T. Davidson, 1858. *Mon. of the Brit. carb. Brach.*, p. 80, pl. 16, fig. 2-13, 15.
— PARADOXA.	v. Grünewaldt, 1860. *Mém. de l'Acad. imp. de St-Pétersb.*, 7e sér., t. II, p. 105.
— PLANO-SULCATA.	T. Davidson, 1860. *Mon. of the carb. Brach. of Scotl.*, p. 16, pl. 1*, fig. 10, 11.
— PARVIROSTRIS.	Meck and Worthen, 1860. *Proc. of the Acad. of nat. Sc. in Phil.*, p. 451.
— PLANO-SULCATA.	J. Armstrong, 1871. *Trans. of the geol. Soc. of Glasgow*, t. III, suppl., p. 57.

Coquille suborbiculaire ou légèrement pentaédrique, à valves à peu près également profondes et le plus souvent régulièrement bombées; quelquefois un peu dépri-

(1) *Monogr. of the Brit. carb. Brach.*, p. 78, pl. XVII, fig. 12-14.

mées du côté du front. Le crochet de la valve ventrale est petit, assez aigu, peu recourbé et percé d'une petite ouverture ; il est contigu à celui de la valve opposée. La surface des deux valves est ornée d'un grand nombre d'expansions lamelliformes, superposées les unes aux autres et subparallèles entre elles; ces expansions, qui forment un cercle presque complet autour de la coquille, sont plissées ou striées longitudinalement et correspondent aux minces lamelles concentriques dont la surface reste chargée après leur disparition; elles sont le résultat de l'accroissement successif de la coquille et peuvent atteindre une longueur de plusieurs centimètres. Les appendices spiraux sont très-développés et remplissent la majeure partie de la cavité intérieure de la coquille.

Rapports et différences. — En 1843 j'ai réuni sous le même nom les *Athyris planosulcata* et *expansa* de M. Phillips et je les ai considérés comme des variétés de la même espèce. Mon savant ami M. Davidson ne partage pas mon opinion et, malgré leur analogie, les admet comme espèces distinctes. Je me reserve de discuter cette question dans mon travail général sur les fossiles carbonifères de Belgique, dont la première partie vient d'être publiée.

Gisement et localités. — Cette espèce est commune aux assises supérieures et moyennes du calcaire carbonifère. Son existence horizontale est très-étendue. On la trouve en Belgique à Visé et à Tournai, en Silésie, en Russie, en Angleterre, en Écosse, en Irlande et aux États-Unis. Je n'ai pu constater sa présence dans les assises de Bleiberg que par un fragment parfaitement reconnaissable, mais insuffisant pour être figuré.

II.—Genre SPIRIFER, *Sowerby*.

—

1. — SPIRIFER LINEATUS, *Martin*.

Conchyliolithus Anomites lineatus.	Martin, 1809. *Petrif. derb.*, p. 12, pl. 36, fig. 5.
Terebratula ? lineata.	Sowerby, 1822. *Miner. conch.*, t. IV, p. 39, pl. 334, fig. 1 and 2 (non *Spirifer lineatus*, t. V, pl. 493, fig. 1).
— imbricata.	Sowerby, 1822. *Ibid.*, p. 40, pl. 334, fig. 3.
Spirifera Martini.	Fleming, 1828. *Brit. anim.*, p. 376.
— lineata.	Phillips, 1836. *Geol. of Yorks.*, t. II, p. 219, pl. 10, fig. 17.
— elliptica.	Phillips, 1836. *Ibid.*, pl. 10, fig. 16.
— imbricata.	Phillips, 1836. *Ibid.*, p. 220, pl. 10, fig. 20.

SPIRIFERA MESOLOBA.	Phillips, 1836. *Ibid.*, pl. 10, fig. 11.
DELTHYRIS LINEATA.	Pusch, 1837. *Polen's Palaeont.*, p. 28.
SPIRIFER LINEATUS.	v. Buch., 1837. *Ueber Delthyris*, p. 51.
— —	v. Buch., 1840. *Mém. de la Soc. géol. de France*, t. IV, p. 199, pl. 10, fig. 26.
SPIRIFERA LINEATA?	J. Phillips, 1841. *Palaeoz. foss. of Cornwall.*, p. 170, pl. 28, fig. 120.
SPIRIFER ROSTRATUS.	S. Kutorga, 1842. *Verh. der K. miner. Gesells. z. S-Petersb.*, p. 25, pl. 5, fig. 10.
TRIGONOTRETA LINEATA.	G. Sandberger, 1842. *N. Jahrb. der Miner.*, p. 398.
SPIRIFER LINEATUS.	L.-G. de Koninck, 1843. *Desc. des anim. foss.*, p. 270, pl. 6, fig. 5 et pl. 17, fig. 8.
— SUBLAMELLOSUS.	L.-G. de Koninck, 1843. *Ibid.*, p. 258, pl. 18, fig. 2.
ATRYPA LINEATA ET A. IMBRICATA.	J. Morris, 1843. *Cat. of brit. foss.*, p. 119 et 120.
RETICULARIA RETICULATA.	Mc Coy, 1844. *Syn. of the carb. foss. of Irel.*, p. 145, pl. 19, fig. 15.
— IMBRICATA.	Mc Coy, 1844. *Ibid.*, p. 143.
— LINEATA.	Mc Coy, 1844. *Ibid.*, p. 145.
MARTINIA STRIGOCEPHALOIDES ?	Mc Coy, 1844. *Ibid*, p. 141, pl. 22, fig. 8.
SPIRIFER LINEATUS.	de Verneuil, 1845. *Russia and the Ural Mount.*, t. II, p. 147, pl. 4, fig. 6.
— —	de Keyserling, 1846. *Wissens. Beobacht. auf einer Reise in das Pets.-Land*, p. 233.
— —	A. d'Orbigny, 1850. *Prod. de paléont.*, t. I, p. 148.
— —	v. Semenow, 1854. *Die foss. des Schles. Kohlenk.*, p. 20.
— —	J. Morris, 1854. *Cat. of brit. foss.*, 2nd edit., p. 152.
SPIRIFERA (MARTINIA) LINEATA.	Mc Coy, 1855. *Brit. palaeoz. foss.*, p. 429.
— — ELLIPTICA.	Mc Coy, 1855. *Ibid.*, p. 427.
— — IMBRICATA.	Mc Coy, 1855. *Ibid.*, p. 429.
SPIRIFER LINEATUS.	de Keyserling, 1856. *Der nördl. Ural u. das Kustengeb. Pae-Choi von Hofmann*, p. 208.
SPIRIFER SETIGERUS.	J. Hall, 1858. *Report of the geolog. survey of the State of Iowa.*, vol. I, part. II, p. 705, pl. 27, fig. 4.
— PSEUDOLINEATUS ?	J. Hall, 1858. *Ibid.*, p. 645, pl. 20, fig. 4.
— LINEATUS.	J. Marcou, 1858. *Geol. of North-Amer.*, p. 50, pl. 7, fig. 5.
SPIRIFERA LINEATA.	T. Davidson, 1859. *Monogr. of the Brit. carb. Brach.*, p. 62, pl. 13, fig. 1-13.
SPIRIFER LINEATUS.	L.-G. de Koninck, 1859. *Mém. de la Soc. r. des sc. de Liège*, t. 16, p. 31.
SPIRIFERA PERPLEXA.	Mc Chesney, 1859. *New spec. of palaeoz. foss.*, p. 43.
— LINEATA.	T. Davidson, 1860. *Mon. of the carb. Brach. of Scotl.*, p. 22, pl. 1', fig. 31.
SPIRIFER LINEATUS.	d'Eichwald, 1860. *Lethaea rossica*, t. I, p. 700.
— CONULARIS.	v. Grünewald, 1860. *Mém. de l'Ac. de St-Pétersb.*, 7e sér., t. II, p. 102, pl. 4, fig. 2.
SPIRIFERA LINEATA.	T. Davidson, 1861. *Quart. journ. of the geolog. Soc. of London*, t. XVIII, p. 29, pl. 2, fig. 3.
SPIRIFER LINEATUS.	J. Auerbach, 1862. *Bull. de la Soc. impér. des Nat. de Moscou*, t. XXXV, p. 233, pl. 8, fig. 8.
— —	E. Beyrich, 1864. *Abhandl. der K. Akad. der Wiss. zu Berlin*, p. 76, pl. 1, fig. 13.
— —	F.-B. Meek, 1864. *Geolog. survey of California (Palaeontology)*, p. 13, pl. 2, fig. 6.
— —	Swallow, 1865. *Trans. of the Acad. of sc. of St-Louis*, t. II, p. 408.
SPIRIFERA LINEATA.	J. Armstrong, 1872. *Trans. of the geol. Soc. of Glasgow*, t. III, suppl., p. 42.

Coquille ordinairement transverse, à contour ovalaire, rarement plus longue que large ; son aréa est peu développée et peu apparente à cause de la forte courbure des crochets qui la surplombent et dont les extrémités sont très-rapprochées l'une de l'autre; son ouverture deltoïde est partiellement recouverte d'un pseudo-deltidium. Chez les individus complétement développés, les deux valves sont à peu près également profondes et régulièrement courbées; il est rare que la valve ventrale soit sinuée, et dans ce cas le sinus est large, peu marqué et ne devient bien apparent que par la sinuosité du bord frontal. Lorque la valve dorsale est munie d'un lobe médian, celui-ci est peu apparent et ne dépasse jamais le front. La surface externe des deux valves est ornée de stries concentriques d'accroissement, produites par de minces lamelles imbriquées dont l'accroissement semble s'être interrompu à des distances assez faibles, mais assez régulières, pour donner lieu à de petites expansions spiniformes; on peut rarement observer la présence de ces expansions, mais les traces qu'elles ont laissées ont produit, soit les lignes concentriques de fossettes, soit les stries longitudinales qui ont fait considérer certaines variétés comme des espèces distinctes. J'ai rarement observé la présence des appendices spiraux dans les coquilles de ce *Spirifer*. De même que M. Davidson, j'ai pu constater que leur forme ne différait en rien de celle des autres espèces du même genre.

Gisement et localités. — Ce *Spirifer* paraît être une des rares espèces qui ont survécu à l'époque dévonienne pour se maintenir jusque dans les assises supérieures du terrain carbonifère où il s'éteint. C'est dans ces dernières assises même qu'il est le plus abondant; aussi est-il peu répandu en Russie et aux États-Unis où les assises inférieures et moyennes sont beaucoup mieux représentées que les supérieures. Il est néanmoins assez rare à Bleiberg.

2. — SPIRIFER GLABER, *Martin.*

(Pl. II, fig. 12.)

Conchyliolithus anomites glaber.	Martin, 1809. *Petrif. Derbiens.*, p. 11, pl. 48, fig. 9 and 10.
Terebratulites laevigatus.	v. Schlotheim, 1820. *Petrefaktenkunde*, p. 257.
Spirifer glaber.	Sowerby, 1821. *Miner. conch.*, t. III, p. 123, pl. 269, fig. 1 and 2.
— obtusus.	Sowerby, 1821. *Ibid.*, p. 124, pl. 269, fig. 3 and 4.
— oblatus.	Sowerby, 1821. *Ibid.*, p. 123, pl. 268.
Anomites terebratulites laevigatus.	v. Schlotheim, 1822. *Nachtrag zur Petrefaktenkunde*, t. I, p. 67, pl. 18, fig. 1.
Spirifer glaber.	Fleming, 1828. *Brit. anim.*, p. 375.
— oblatus.	Fleming, 1828. *Ibid.*, p. 375.
— obtusus.	Fleming, 1828. *Ibid.*, p. 375.

Spirifer glaber.	Davreux, 1831. *Const. géogn. de la Prov. de Liége*, p. 272, pl. 7, fig. 1.
Delthyris glaber.	Keferstein, 1834. *Naturg. des Erdk.*, t. II, p. 612.
Trigonotreta oblata.	Bronn, 1835. *Lethaea geogn.*, t. I, p. 81, pl. 2, fig. 16.
Spirifera glabra.	J. Phillips, 1836. *Geol. of Yorks.*, t. II, p. 219, pl. 10, fig. 10, 11 and 12.
— linguifera.	J. Phillips, 1836. *Ibid.*, p. 219, pl. 10, fig. 4.
— symmetrica.	J. Phillips, 1836. *Ibid.*, p. 219, pl. 10, fig. 13.
— decora?	J. Phillips, 1836. *Ibid.*, p. 219, pl. 10, fig. 9.
Delthyris laevigata.	Pusch., 1837. *Polen's Palaeont.*, p. 28.
Spirifer laevigatus.	v. Buch., 1837. *Ueber Delthyris*, p. 51.
— —	v. Buch., 1840. *Mém. de la Soc. géol. de France*, t. IV, p. 198, pl. 10, fig. 25.
— corculum.	Kutorga, 1842. *Verhandl. der K. miner. Gesells. z. St-Petersb.*, p. 25, pl. 5, fig. 9.
— glaber.	L.-G. de Koninck, 1843. *Desc. des anim. foss.*, p. 267, pl. 18, fig. 1.
Martinia glabra.	Mc Coy, 1844. *Syn. of the carb. foss. of Irel.*, p. 139.
— oblata.	Mc Coy, 1844. *Ibid.*, p. 140.
— obtusa.	Mc Coy, 1844. *Ibid.*, p. 140.
Spirifer glaber.	de Verneuil, 1845. *Russia and the Ural Mount.*, t. II, p. 145, pl. 6, fig. 5.
— lineatus.	de Keyserling, 1846. *Beob. auf einer Reise in das Petschora-Land*, p. 223.
— glaber.	A. d'Orbigny, 1850. *Prod. de paléont.*, t. II, p. 148.
— —	J. Morris, 1854. *Cat. of brit. foss.*, p. 152.
— —	v. Semenow, 1854. *Die foss. des Schles. Kohlenk.*, p. 19.
Spirifera (Martinia) glabra.	Mc Coy, 1855. *Brit. pal. foss.*, p. 428.
Spirifer glaber.	de Keyserling, 1856. *Hofmann's Nördl. Ural u. Küstengeb. Poe-Choi*, p. 209.
Spirifera glabra.	T. Davidson, 1859. *Monogr. of the brit. carbon. Brach.*, p. 59, pl. 11, fig. 1-9 and pl. 12, fig. 1-5, 11 and 12.
Spirifer glaber.	L.-G. de Koninck, 1859. *Mém. de la Soc. royale des sciences de Liége*, t. XVI, p. 31.
Spirifera glabra.	T. Davidson, 1860. *Monogr. of the carb. Brach. of Scott.*, p. 21, pl. 1, fig. 52-54.
Spirifer glaber.	v. Grünewaldt, 1860. *Mém. de l'Ac. imp. de St-Pétersb.*, 7me sér., t. II, p. 100.
— —	d'Eichwald, 1860. *Lethaea rossica*, t. I, p. 699.
— —	J. Auerbach, 1862. *Bullet. de la Soc. imp. des natur. de Moscou*, t. XXXV, p. 235, pl. 8, fig. 6 et 7.
— —	Meek and Worthen, 1866. *Geol. survey of Illin.* (Palaeontology), t. II, p. 298, pl. 25, fig. 5.
Spirifera glabra.	Armstrong, 1871. *Trans. of the geol. Soc. of Glasgow*, t. III, suppl., p. 42.

Coquille très-variable dans sa taille et dans ses proportions; assez généralement transverse et de forme ovale; rarement plus longue que large, assez épaisse; valves régulièrement bombées et à peu près d'égale profondeur; valve dorsale munie d'un crochet épais et fortement recourbé, quoique ne dépassant que faiblement le plan de l'aréa. Aréa petite, triangulaire, subplane, munie d'une ouverture triangulaire, partiellement recouverte d'un pseudo-deltidium. Sinus médian plus ou moins bien prononcé et de profondeur variable suivant l'âge et les dimensions des individus et quelquefois muni d'un faible sillon longitudinal. Le bourrelet de la valve dorsale, quoique possédant ordinairement une courbure régulière, est quelquefois divisé dans son milieu par un sillon correspondant à celui de la valve opposée; ses côtés ne sont pas toujours bien limités et souvent ils se confondent insensiblement avec ceux de la valve même. Le front est toujours fortement sinué sur les échantillons adultes, même lorsqu'ils sont de taille médiocre. Les appendices spiraux sont bien développés et remplissent la majeure partie de l'intérieur de la coquille; la surface est généralement lisse ou simplement garnie de fines stries concentriques d'accroissement; certains échantillons portent sur leurs parties latérales les traces de quelques côtes rayonnantes; le test est assez mince, mais j'ai pu m'assurer par l'inspection de quelques rares individus, qu'il est perforé et que ce caractère ne suffit pas pour distinguer le genre *Spirifer* du genre *Spiriferina*.

Rapports et différences. — Un grand nombre de paléontologistes paraissent croire que sous le nom de *Terebratulites laevigatus*, Schlotheim a désigné un *Spirifer* dévonien, voisin du *S. glaber*, mais parfaitement distinct de celui-ci; il suffira probablement de faire observer que le paléontologiste allemand indique Visé comme lieu de provenance de la coquille décrite par lui et que la figure qu'il en a donnée représente avec une telle exactitude le type du *Spirifer glaber*, si commun dans cette localité, qu'il n'y a pas lieu de s'y méprendre et de le confondre avec un autre.

Je fais aussi une distinction entre le *S. rostratus* de Kutorga et son *S. corculum* que plusieurs auteurs ont pris pour la même espèce. Par l'inspection des figures on pourra s'assurer que l'une se rapporte au *S. glaber* et l'autre au *S. lineatus;* en effet, la première de ces espèces est fortement sinuée et la seconde ne l'est pas du tout.

Gisement et localités. — Ce *Spirifer* forme l'une des espèces les plus communes et les plus abondantes des assises carbonifères supérieures. Il est beaucoup plus rare dans les assises moyennes et inférieures, ce qui fait qu'on le rencontre plus fréquemment dans l'Yorkshire, aux environs de Glasgow en Écosse, à Cork en Irlande et à Visé que dans les autres parties des îles Britanniques et de la Belgique, de même qu'en Russie et en Amérique où les assises supérieures sont moins développées. La plupart des échantillons de Bleiberg sont en mauvais état.

3. — SPIRIFER OVALIS, *J. Phillips*.

(Pl. II, fig. 8.)

SPIRIFER EXARATUS.	Fleming, 1828. *Brit. anim.*, p. 376.
— OVALIS.	J. Phillips, 1836. *Geol. of Yorks.*, t. II, p. 219, pl. 10, fig. 5.
SPIRIFER ROTUNDATUS.	L.-G. de Koninck, 1843. *Desc. des anim. foss.*, p. 263, pl. 14, fig. 2, et pl. 15, fig. 4 (fig. cæteris exclusis).
BRACHYTHYRIS OVALIS.	Mc Coy, 1844. *Syn. of the carb. foss. of Irel.*, p. 145.
— HEMISPHAERICA.	Mc Coy, 1844. *Ibid.*, p. 145, pl. 19, fig. 10.
SPIRIFER EXARATUS.	J. Morris, 1854. *Cat. of brit. foss.*, p. 151.
— OVALIS.	J. Morris, 1854. *Ibid.*, p. 153.
SPIRIFERA —	Mc Coy, 1855. *Brit. palaeoz. foss.*, p. 419, pl. 3D, fig. 28.
SPIRIFER —	L.-G. de Koninck, 1859. *Mém. de la Soc. roy. des Sc. de Liége*, t. XVI, p. 31.
SPIRIFERA —	Armstrong, 1871. *Trans. of the geol. Soc. of Glasgow*, t. III, suppl., p. 42.

Coquille à contour ovale variable, tantôt allongé, tantôt transverse, munie d'une aréa petite et dont la dimension n'atteint guère que le tiers de celle du diamètre transverse. Ses oreillettes sont très-petites et arrondies à leurs extrémités. Valve ventrale beaucoup plus bombée et plus profonde que la valve opposée, à crochet assez pointu, mais médiocrement recourbé au-dessus de l'aréa; celle-ci est un peu creuse et munie d'une ouverture grande et partiellement recouverte d'un pseudo-deltidium. Valve dorsale modérément bombée, garnie d'une petite aréa et d'un bourrelet parfaitement limité, qui a son origine au crochet et qui s'élargit en s'allongeant; ce bourrelet est ordinairement arrondi à sa surface; néanmoins chez certains individus il est partagé dans son milieu par un léger sillon longitudinal. Le sinus de la valve ventrale est assez profond et limité de chaque côté par une ou deux côtes. La surface de chacune des deux valves est ornée de dix-huit ou vingt côtes rayonnantes faiblement recourbées sur elles-mêmes, rarement dichotomes et ayant sensiblement les mêmes dimensions à égale distance des crochets.

Rapports et différences. — Anciennement j'ai confondu ce *Spirifer* avec le *S. rotundatus*, Sow., dont je l'ai considéré comme une variété. Mon erreur a surtout été occasionnée par les faibles dimensions de l'échantillon figuré par M. J. Phillips et assez médiocrement dessiné; en 1854, M. von Semenow a partagé la même erreur.

Gisement et localités. — Ce *Spirifer* est assez rare partout où il se trouve. Je l'ai rencontré à Visé. Il a été signalé en Angleterre, en Écosse, en Irlande et aux États-Unis. Quelques échantillons ont été recueillis à Bleiberg.

4. — SPIRIFER BISULCATUS, *Sowerby.*

(Pl. II, fig. 6 et 7.)

ANOMIAE STRIATAE.	Ure, 1793. *Hist. of Ruthergl.*, p. 314, pl. 15, fig. 1.
TEREBRATULA.	1797. *Encycl. méthod.*, pl. 244, fig. 5.
SPIRIFER TRIGONALIS.	J. Sowerby, 1820. *Miner. conch.*, t. III, p. 17, pl. 265, fig. 2 and 3 (non Martin).
— BISULCATUS.	J. de C. Sowerby, 1825. *Miner. conch.*, t. V, p. 152, pl. 494, fig. 1 and 2.
— —	Fleming, 1828. *Brit. anim.*, p. 375.
— —	Davreux, 1851. *Constit. géogn. de la prov. de Liége*, p. 272, pl. 7, fig. 3.
DELTHYRIS BISULCATA.	Keferstein, 1834. *Naturg. des Erdk.*, t. II, p. 611.
TRIGONOTRETA APERTURATA.	Bronn, 1835. *Lethaea geogn.*, t. I, p. 79 (non Schlotheim).
SPIRIFERA BISULCATA.	J. Phillips, 1836. *Geol. of Yorks.*, t. II, p. 218, pl. 9, fig. 14.
— SEMICIRCULARIS.	J. Phillips, 1836. *Ibid.*, p. 217, pl. 9, fig. 15 and 16.
SPIRIFER APERTURATUS.	v. Buch, 1837. *Ueber Delthyris*, p. 42 (non Schlotheim).
— —	v. Buch, 1840. *Mém. de la Soc. géol. de France*, t. IV, p. 188, pl. 9, fig. 14' (fig. 14 exclusâ, non Schlotheim).
SPIRIFERA BISULCATA.	J. de C. Sowerby, 1840. *Trans. of the geol. Soc. of London*, 2nd ser., t. V, pl. 39, fig. 21.
SPIRIFER RUGULATUS?	Kutorga, 1842. *Verhandl. der K. russ. mineral. Gesells. zu St-Petersb.*, p. 22, pl. 5, fig. 5.
— BISULCATUS.	L.-G. de Koninck, 1843. *Descrip. des anim. foss.*, p. 250, pl. 14, fig. 4, et pl. 16, fig. 3.
— CRASSUS.	L.-G. de Koninck, 1843. *Ibid.*, p. 262, pl. 15bis, fig. 5.
— ATTENUATUS.	L.-G. de Koninck, 1843. *Ibid.*, pl. 16, fig. 2 (non Sowerby).
— STRIATUS.	L.-G. de Koninck, 1843. *Ibid.*, pl. 16, fig. 5 (non Martin).
SPIRIFERA BISULCATA.	Mc Coy, 1844. *Syn. of the carb. foss. of Irel.*, p. 129.
— CALCARATA.	Mc Coy, 1844. *Ibid.*, p. 130, pl. 21, fig. 3 (non Sowerby).
BRACHYTHYRIS PLANICOSTATA.	Mc Coy, 1844. *Ibid.*, p. 146, pl. 21, fig. 5.
SPIRIFER BISULCATUS.	A. d'Orb, 1850. *Prodr. de paléont.*, t. I, p. 149.
— CRASSUS.	A. d'Orb, 1850. *Ibid.*, p. 149.
— BISULCATUS.	v. Semenow, 1854. *Die Foss. des Schles. Kohlenk.*, p. 18.
— —	J. Morris, 1854. *Cat. of brit. foss.*, p. 150.
— CRASSUS.	J. Morris, 1854. *Ibid.*, p. 151.
SPIRIFERA TRIGONALIS, var. BISULCATA and SEMICIRCULARIS.	Mc Coy, 1855. *Brit. palaeoz. foss.*, p. 425 (non Martin).
— DUPLICICOSTA (part.)	Mc Coy, 1855. *Ibid.*, p. 418.
— BISULCATA.	T. Davidson, 1857. *Mon. of the brit. carb. Brach.*, p. 31, pl. 4, fig. 1?, pl. 5, fig. 1, pl. 6, fig. 1-19, and pl. 7, fig. 4.
— CRASSA.	T. Davidson, 1857. *Ibid.*, p. 25, pl. 6, fig. 20-22 and pl. 7, fig. 1, 2, 3.
SPIRIFER KEOKUK?	J. Hall, 1858. *Report on the geol. survey of Iowa* (Palaeontology), t. I, p. 642, pl. 20, fig. 3 and fig. 2, *d*.
— — var.	J. Hall, *Ibid.*, p. 676, pl. 24, fig. 4.
— BISULCATUS.	L.-G. de Koninck, 1859. *Mém. de la Soc. roy. des Sc. de Liége*, t. XVI, p. 30.
— CRASSUS.	L.-G. de Koninck, 1859. *Ibid.*, p. 29.
— —	v. Grünewaldt, 1860. *Mém. de l'Acad. impér. de St-Pétersb.*, 7e sér., t. II, p. 94, pl. 4, fig. 1.
SPIRIFERA BISULCATA.	T. Davidson, 1860. *Monog. of the carb. Brach. of Scotl.*, p. 19, pl. 1*, fig. 19-25.
— —	J. Gray. 1865. *Biogr. notice. of D. Ure*, p. 52.

Coquille ordinairement transverse; selon que l'aréa est plus ou moins prolongée, elle est subrhomboïdale ou ovale. Les valves ont approximativement la même profondeur et sont régulièrement courbées l'une et l'autre; leurs oreillettes sont anguleuses ou arrondies et leurs crochets sont assez recourbés pour ne se trouver généralement qu'à une petite distance l'un de l'autre.

Aréa modérément élevée, à surface courbe et munie d'une ouverture triangulaire, large et recouverte partiellement par un pseudo-deltidium. Sinus de la valve ventrale peu profond, se rattachant aux côtés par une courbure régulière de la coquille et garni d'un nombre de côtes longitudinales rarement bifurquées, mais variant de 4-8. Le bourrelet de la valve dorsale, un peu mieux limité que le sinus, présente une surface régulièrement courbée, abstraction faite des quelques côtes ou plis longitudinaux qui le garnissent. La surface de chacune des deux valves est ornée d'un nombre assez variable de côtes ou de plis rayonnants, le plus souvent arrondis, mais quelquefois anguleux; chez les jeunes individus la plupart de ces plis sont simples, tandis que les deux ou trois plis adjacents à chaque côté du sinus et du bourrelet sont ordinairement bifurqués chez les adultes. Lorsque les échantillons sont de bonne conservation, la surface est en outre ornée de fines stries concentriques d'accroissement, traversées par d'autres stries longitudinales ou rayonnantes, qui ont pour effet de produire par leur intersection un léger quadrillage invisible à l'œil nu ([1]). Les appendices spiraux de cette espèce sont contournés de façon à produire un cône assez surbaissé; les empreintes musculaires sont petites et n'offrent rien de bien saillant à noter.

Rapports et différences. — Cette espèce, qui a été parfaitement figurée par Ure parmi ses *Anomiae striatae*, étant assez variable dans sa forme générale, a reçu plusieurs noms, suivant que son aréa et ses oreillettes étaient plus ou moins prolongées. C'est ainsi que moi-même, en 1843, j'ai donné le nom de *Spirifer crassus* a un *Spirifer* de grande taille, dont l'aréa est très-courte et dont les côtes sont régulièrement arrondies. Quoique la plupart des paléontologistes aient adopté cette détermination, je dois déclarer qu'après un examen comparatif fait sur un très-grand nombre d'échantillons belges et étrangers, il m'est impossible de la maintenir. Ainsi que je l'avais fait pressentir déjà en 1859 ([2]), je considère le *S. crassus* comme une variété assez constante du *S. bisulcatus,* Sowerby. J'arrive aux mêmes conclusions

([1]) Voir Davidson, *Monogr. of the brit. carb. Brach.*, pl. VI, fig. 16.
([2]) *Mém. de la Soc. roy. des Sc. de Liége*, t. XVI, p. 29.

relativement au *S. Keokuk* de M. Hall, qui ne me paraît offrir qu'une variété dont les ornements sont généralement mieux conservés que ceux des échantillons européens. Je ferai remarquer, en outre, que la structure interne du *Spirifer* américain est absolument identique avec celle des échantillons d'Europe, ainsi que j'ai pu m'en assurer directement.

Gisement et localités. — Cette espèce est très-abondante dans les assises supérieures du calcaire carbonifère de Visé et du Yorkshire, mais beaucoup plus rare dans les assises moyennes de Tournai et de l'Irlande. Elle n'est pas rare aux États-Unis; on la rencontre assez fréquemment à Bleiberg, mais presque toujours à l'état de moule interne.

3. — SPIRIFER PECTINOIDES? *L.-G. de Koninck.*

(Pl. II, fig. 9.)

SPIRIFER PECTINOIDES. L.-G. de Koninck, 1843. *Descr. des anim. du terr. carb. de Belg.*, p. 260, pl. 16, fig. 4.

Coquille de taille moyenne, aussi longue que large, assez épaisse. Valve ventrale garnie d'un sinus très-large et très-profond, portant quatre ou cinq plis principaux, qui semblent formés de la réunion de trois ou quatre petits plis anastomosés et très-peu apparents; les côtés latéraux portent huit ou neuf plis en tout semblables aux précédents, à l'exception qu'ils sont plus larges et plus épais. Tous sont à arête très-vive. Les ornements de la valve dorsale et de son bourrelet sont les mêmes que ceux de la valve opposée. L'aréa est assez élevée; son étendue ne dépasse guère les deux tiers de la largeur totale de la coquille.

Rapports et différences. — Ce *Spirifer* a quelques rapports avec le *S. duplicicosta*, dont il se distingue par la forme de son aréa et par celle de ses plis, qui, chez ce dernier, sont beaucoup plus minces et plus arrondis.

Gisement et localités. — Le *S. pectinoides* est une espèce assez rare. Je ne l'ai rencontrée que dans le calcaire carbonifère de Visé et à Bleiberg.

4. — SPIRIFER HAUERIANUS, *L.-G. de Koninck.*

SPIRIFER CRISTATUS? L.-G. de Koninck, 1843. *Descr. des anim. foss. de Belg.*, p. 240, pl. 15, fig. 5, non SCHLOTH.

Cette jolie espèce est ordinairement de petite taille et un peu moins longue que large; sa valve ventrale est très-bombée, garnie d'un sinus assez étroit, mais profond, sur lequel se dessinent deux ou trois sillons longitudinaux très-peu prononcés; ce sinus est bordé de chaque côté d'un pli saillant, à côté duquel viennent se ranger six à huit autres plis, dont la hauteur diminue assez rapidement pour que ceux qui sont le plus rapprochés du bord cardinal soient presque complétement effacés. Tous ces plis, dont plusieurs portent également un ou deux petits sillons longitudinaux, sont assez tranchants. La valve dorsale est ordinairement un peu moins convexe que la valve opposée. Son bourrelet dépasse en hauteur les plis latéraux dont la forme est la même que celle des plis de la grande valve. Toute la surface est garnie de stries d'accroissement, à profondeur assez variable suivant l'âge de la coquille et surtout sensibles sur les bords des échantillons adultes. L'aréa, dont l'étendue n'atteint pas celle du diamètre transversal de la coquille, est très-surbaissée; le crochet est fortement recourbé sur lui-même.

Le moule interne que j'ai représenté et qui appartient incontestablement à cette espèce, démontre que les sillons des plis ne sont pas marqués par des saillies à l'intérieur et que les arêtes internes qui servent à consolider les dents cardinales chez les *Spirifer* sont très-minces et très-peu prononcées chez celui-ci. En outre, la lame médiane interne qui caractérise les *Spiriferina* lui fait défaut.

Dimensions. — Longueur de 1-2 centimètres. Par rapport à la longueur, largeur 2,68, hauteur 1,04.

Rapports et différences. — En comparant cette espèce avec le *S. cristatus*, Schlotheim, auquel je l'ai rapporté avec doute en 1843, j'ai pu m'assurer qu'elle en diffère non-seulement par le nombre de ses plis, mais encore par la forme de ceux-ci et par celle de son aréa. En outre son test n'est pas perforé, comme l'est celui du *S. cristatus*, ou du moins si elles existent, les perforations ne sont pas assez prononcées pour être sensibles à l'œil armé d'une forte loupe.

Gisement et localités. — Cette espèce est très-rare dans les assises carbonifères de Bleiberg; elle l'est moins dans celles de Visé.

FAMILLE : TERABRATULIDAE.

GENRE TEREBRATULA, *Lhwyd.*

TEREBRATULA SACCULUS, *Martin.*

(Pl. II, fig. 16.)

CONCHYLIOLITHUS ANOMITES SACCULUS.	Martin, 1809. *Petrific. derb.*, p. 14, pl. 46, fig. 1-2.
TEREBRATULA SACCULUS.	J. de C. Sowerby, 1824. *Miner. conch.*, t. V, p. 65, pl. 446, fig. 1.
— HASTATA.	J. de C. Sowerby, 1824. *Ibid.*, p. 66, pl. 446, fig. 2-3.
— SACCULUS.	Defrance, 1828. *Dict. des sc. nat.*, t. LIII, p. 154.
— HASTATA.	Defrance, 1828. *Ibid.*, p. 153.
— SACCULUS.	v. Buch., 1834. *Ueber Terebrateln*, p. 90.
— BOVIDENS.	Morton, 1836. *Amer. journ. of sc.*, t. XXIX, p. 150.
— SACCULUS.	J. Phillipps, 1836. *Geol. of Yorks.*, t. II, p. 221, pl. 12, fig. 2.
— HASTATA.	J. Phillipps, 1836. *Ibid.*, p. 221, pl. 12, fig. 1.
— SACCULUS.	de Buch., 1838. *Mém. de la Soc. géol. de France*, t. III, p. 198.
— DIDYMA.	v. Buch., 1840. *Beitr. z. Gebirgsf. Russl.*, p. 112 (non Dalman).
— PLICA.	S. Kutorga, 1842. *Verhandl. der K. russ. min. Gesells.*, p. 26, pl. 5, fig. 11.
— SACCULUS.	L.-G. de Koninck, 1843. *Desc. des anim. foss.*, p. 293, pl. 20, fig. 3.
— —	Mc Coy, 1844. *Syn. of the carb. foss. of Irel.*, p. 156.
— HASTATA.	Mc Coy, 1844. *Ibid.*, p. 153.
— —	Morris, 1845. *Strzelecki's New-South Wales*, p. 278.
— SACCULUS.	de Verneuil, 1845. *Russ. and the Ural mount.*, t. II, p. 63, pl. 9, fig. 7.
— FUSIFORMIS.	de Verneuil, 1845. *Ibid.*, t. II, p. 65, pl. 9, fig. 8.
— HASTAEFORMIS.	L.-G. de Koninck, 1851. *Ibid.*, p. 665, pl. 56, fig. 8.
— HASTATA.	de Keyserling, 1846. *Geogn. Beobacht. in das Petschora Land*, p. 239.
— VESICULARIS.	L.-G. de Koninck, 1851. *Desc. des anim. foss.*, suppl., p. 666, pl. 56, fig. 10.
— SACCULUS.	A. d'Orbigny, 1850. *Prodr. de paléont.*, t. I, p. 151.
SEMINULA FICUS.	Mc Coy, 1852. *Ann. and Mong. of nat. Hist.*, 2me sér., t. X, p. 421.
TEREBRATULA SACCULUS.	v. Semenow, 1854. *Die Foss. des Schles. Kohlenk.*, p. 11 (fig. 5*a*, 5*b* et 5*c* excl.)
— ELONGATA.	v. Semenow, 1854. *Ibid.*, p. 11, pl. 3, fig. 2 (non Schloth).
— SULCISINUATA.	v. Semenow, 1854. *Ibid.*, p. 12, pl. 3, fig. 3.
— HASTAEFORMIS.	v. Semenow, 1854. *Ibid.*, p. 12, pl. 3, fig. 4.
— SACCULUS.	J. Morris, 1854. *Cat. of. brit. foss.*, p. 156.
— HASTATA.	J. Morris, 1854. *Ibid.*, p. 156.
SEMINULA FICUS.	Mc Coy, 1854. *Contr. to brit. palaeont.*, p. 248.
— SACCULUS.	Mc Coy, 1855. *Brit. palaeoz. foss.*, p. 411.
— HASTATA.	Mc Coy, 1855. *Ibid.*, p. 409.
— FICUS.	Mc Coy, 1855. *Ibid.*, p. 409, pl. 3D, fig. 22.

SEMINULA SEMINULA.	Mc Coy, 1855. *Ibid.*, p. 412 (non Phillips).
TEREBRATULA MILLEPUNCTATA.	Hall, 1856. *Pacific Railr. Report.*, t. III, p. 101, pl. 2, fig. 1-2.
— SACCULUS.	T. Davidson, 1857. *Mon. of the brit. carb. Brach.*, p. 14, pl. 1, fig. 23, 24, 27, 29 et 30.
— HASTATA.	T. Davidson, 1857. *Ibid.*, p. 12, pl. 1, fig. 1-12.
— — (var. FICUS).	T. Davidson, 1857. *Ibid.*, p. 13, pl. 1, fig. 13-16.
— SACCULUS.	T. Davidson, 1857. *Ibid.*, p. 14, pl. 1, fig. 23, 24, 27, 29 et 30.
— VESICULARIS.	T. Davidson, 1857. *Ibid.*, p. 15, pl. 1, fig. 25, 26, 28, 31, 32 and pl. 2, fig. 1-8.
— GILLINGENSIS.	T. Davidson, 1857. *Ibid.*, p. 17, pl. 1, fig. 18-20 and pl. 2, fig. 1.
— SUBTILITA.	J. Marcou, 1858. *Geol. of North-Amer.*, p. 52, pl. 6, fig. 9 (non Hall).
— BOVIDENS?	Hall, 1858. *Geol. rep. of the State of Iowa* (Palaeontology), t. I, p. 711.
— GENICULOSA.	Mc Chesney, 1859. *Desc. of new palaeoz. foss.*, p. 82, pl. 1, fig. 2.
— HASTATA.	T. Davidson, 1860. *Mon. of the carb. Brach. of Scotl.*, p. 12, pl. 1*, fig. 1-2.
— SACCULUS (partim).	d'Eichwald, 1860. *Lethaea rossica*, t. I, p. 691.
— —	T. Davidson, 1860. *Monogr. of the carb. Brach. of Scotl.*, p. 13, pl. 1*, fig. 3-4.
— HASTATA.	T. Davidson, 1860. *Ibid.*, p. 12, pl. 1*, fig. 1-2.
— VESICULARIS.	T. Davidson, 1860. *Ibid.*, p. 14, pl. 1*, fig. 5.
— SACCULUS.	d'Eichwald, 1860. *Lethaea rossica*, t. I, p. 691.
— ARCUATA?	Swallow, 1862. *Trans. of the Acad. of sc. of St-Louis*, t. II, p. 83.
— HASTATA.	T. Davidson, 1862. *Mon. of the brit. carb. Brach. Appendix*, p. 213, pl. 49, fig. 14-30.
— —	Armstrong, 1871. *Trans. of the geol. Soc. of Glasgow*, t. III, suppl., p. 43.
— BOVIDENS.	F.-B. Meek, 1872. *Rep. on the palaeont. of East. Nebr.*, p. 187, pl. 1, fig. 7 and pl. 2, fig. 4.

Espèce de forme et de taille très-variable, dont les principales variétés ont été considérées pendant longtemps comme des espèces distinctes et successivement décrites depuis Martin, sous les noms de *T. hastata,* par Sowerby, *T. vesicularis,* et *hastaeformis* par moi-même, *T. fusiformis,* par M. de Verneuil et *T. Gillingensis,* par M. Davidson, etc.

Léopold von Buch a été le premier à admettre que toutes les formes désignées sous ces divers noms dérivent d'un seul et même type spécifique et se rattachent les unes aux autres par des gradations insensibles qui ne permettent pas d'en définir convenablement les limites. La même opinion a été soutenue par moi-même en 1843, et par M. de Verneuil en 1845. Ce n'est qu'après de longues hésitations et après avoir comparé un nombre considérable d'échantillons de divers pays et de diverses localités, que M. Davidson s'est décidé à s'y rallier. Je dois néanmoins faire observer que dans certaines localités l'une ou l'autre de ces variétés affecte une forme dominante et tellement constante, que l'on ne doit pas s'étonner qu'elle ait été considérée pendant longtemps comme espèce distincte.

Le petit nombre d'échantillons de cette espèce trouvés à Bleiberg appartient à la variété *hastata*.

Cette variété est ordinairement allongée, de forme ovale, à front arrondi ou faiblement sinueux. Les valves sont plus ou moins bombées et également profondes et leurs bords sont rarement tranchants. La valve ventrale est généralement un peu déprimée ou sinuée vers le front; son crochet est assez épais et quoique faiblement recourbé, il domine visiblement celui de la valve opposée; l'extrémité de ce crochet est tronqué un peu obliquement, percé d'une ouverture assez grande, rarement circulaire, à bord inférieur se prolongeant sous forme d'un petit canal au delà du crochet de la valve ventrale; son deltidium est très-petit et à peine visible sur la plupart des échantillons; à l'intérieur il existe deux dents cardinales divergentes. L'intérieur de la valve dorsale est garni d'un appareil apophysaire semblable à celui des *Terebratula* vivantes et ne s'étendant guère au delà du tiers de la longueur de la coquille. Toute la surface externe est lisse ou simplement ornée de quelques ondulations ou stries concentriques d'accroissement; le test est perforé, à moins qu'il n'ait été altéré par la fossilisation, comme cela arrive fréquemment aux fossiles de Tournai, dont la plupart ont été silicifiés. Certains échantillons bien conservés offrent des traces de coloration, consistant en des bandes rayonnantes dont la disposition n'a rien de bien régulier et dont la couleur primitive a très-probablement été rouge comme chez certaines espèces encore vivantes. Je suis porté à croire que la couleur brune un peu rougeâtre teignant uniformément le test d'un grand nombre d'échantillons des variétés *Gillingensis* et *vesicularis*, dépend d'une cause semblable et doit être attribuée à la persistance d'une partie de la couleur primitive.

Gisement et localités. — En admettant l'opinion que je viens d'indiquer, le genre *Terebratula* proprement dit ne serait représenté dans le terrain carbonifère que par une seule espèce. Quelques auteurs prétendent même que cette espèce est *récurrente*, c'est-à-dire qu'elle a survécu à l'époque carbonifère, et qu'on la retrouve dans le terrain permien, dans lequel elle est connue sous le nom de *T. elongata*, qui lui a été donné par Schlotheim. On ne peut pas nier que certaines variétés de l'une et de l'autre des deux *Terebratula* n'aient la plus grande ressemblance entre elles; mais cette ressemblance, qui peut n'être qu'accidentelle, suffit-elle pour trancher la question de l'identité spécifique? Je suis de l'avis de mon savant ami M. Davidson que de nouvelles recherches sont indispensables avant d'arriver à une solution satisfaisante de cette question. La *T. sacculus* se trouve dans les assises carbonifères moyennes et supérieures, mais elle est beaucoup plus abondante dans ces dernières; c'est une des espèces dont la distribution horizontale est la plus étendue. Elle est très-commune en Angleterre et en Belgique, et n'est pas bien rare à Bleiberg.

Classe : LAMELLIBRANCHIATA.

Section : SIPHONIDA.

Famille : ANATINIDAE.

I. — Genre EDMONDIA, *L.-G. de Koninck.*

1. — EDMONDIA HAIDINGERIANA. *L.-G. de Koninck.*

(Pl. III, fig. 3.)

Grande et belle coquille de forme légèrement allongée, subovale, régulièrement bombée, assez épaisse; bord supérieur faiblement tronqué, crochets bien développés, situés vers le tiers antérieur de la longueur totale de la coquille et assez fortement recourbés. Le test est épais, non fibreux et sa surface est couverte de plis concentriques bien marqués, mais peu réguliers, produits par l'accroissement successif de la coquille.

Dimensions. — Longueur 7, 5 centimètres, largeur 6 centimètres.

Rapports et différences. — Par sa forme et par sa grande taille, cette espèce ressemble beaucoup à celle que M. Mc Coy a décrite sous le nom de *Edmondia Egertoni;* pendant quelque temps même je l'ai confondue avec elle. Mais depuis que j'ai eu occasion d'étudier cette dernière dans les musées anglais et de la comparer plus directement avec celle dont il est ici question, j'ai pu m'assurer qu'elles différaient assez l'une de l'autre, pour être persuadé qu'elles ne formaient même pas une variété de la même espèce. En effet, l'*E. Haidingeriana* diffère de l'*E. Egertoni,* par sa forme moins arrondie, par une plus forte troncature du bord supérieur et surtout par l'épaisseur plus considérable de son test, la grosseur et le nombre de ses plis concentriques; on ne compte que 10 à 12 de ces plis sur une étendue d'un centimètre, tandis qu'il en existe 15 ou 16 sur un même espace de l'*E. Egertoni.*

Il eût été difficile de reconnaître exactement le genre auquel cette espèce appartient, si la valve gauche, en se détachant de la droite, n'eût glissé un peu en avant et n'eût laissé dans la roche l'empreinte de sa charnière.

Je suis heureux d'avoir l'occasion de rendre hommage à la mémoire de W. Haidinger, en lui dédiant cette belle espèce, la plus grande des lamellibranches, trouvées à Bleiberg.

Localité. — Je ne connais encore de cette espèce que l'échantillon figuré.

2. — EDMONDIA SULCATA, *J. Phillips.*

SANGUINOLARIA? SULCATA. J. Phillips, 1836. *Geol. of Yorks.*, t. II, p. 209, pl. 5, fig. 5.
EDMONDIA SULCATA. W. King, 1850. *Monogr. of the perm. foss. of England*, p. 164, pl. 20, fig. 2, 3, 4.
— — J. Morris, 1854. *Cat. of brit. foss.*, p. 202.
— — Mc Coy. 1855. *Brit. palaeoz. foss.*, p. 503.

Coquille allongée, à peu près le double plus longue que large; valves assez régulièrement bombées dans la partie médiane et légèrement déprimées dans la partie dorsale située en arrière des crochets; crochets petits, obtus, à peine recourbés et placés antérieurement vers le cinquième de la longueur totale de la coquille. Le bord postérieur est un peu obliquement tronqué; le bord antérieur est régulièrement arrondi; le bord ventral est faiblement arqué et le ventral presque droit et subparallèle au précédent. La coquille est légèrement béante postérieurement; lunule petite, ovale; corselet assez large; surface ornée de plis concentriques arrondis, dont l'épaisseur, d'abord assez faible du côté des crochets, augmente graduellement jusqu'au dernier. Le test est mince et assez luisant.

Dimensions. — Longueur environ 4 centimètres; largeur 18 millimètres; épaisseur environ 7 millimètres.

Rapports et différences. — Extérieurement cette *Edmondia* ressemble très-fort à certaines espèces de *Sanguinolites.* C'est par l'étude de sa charnière que M. W. King est parvenu à démontrer qu'elle n'appartient pas à ce genre et à indiquer sa véritable place. Elle a souvent été confondue avec le *Sanguinolites sul-*

catus, Fleming, dont elle se distingue par la forme plus arrondie de son bord antérieur et surtout par la position plus élevée de ses crochets ainsi que par sa charnière.

Gisement et localités. — Elle a été trouvée d'abord par M. J. Phillips dans le calcaire carbonifère noir de Lowick, dans le Northumberland, où elle paraît être très-commune ; elle est un peu plus rare dans le calcaire de Kendal (Mc Coy). Je n'en connais qu'un seul échantillon assez complet de Bleiberg, mais fortement comprimé. C'est par une omission accidentelle qu'il n'a pas été figuré.

II. — Genre CARDIOMORPHA, *L.-G. de Koninck.*

1. — CARDIOMORPHA? TENERA, *L.-G. de Koninck.*

(Pl. III, fig. 4.)

Cardiomorpha tenera. L.-G. de Koninck, 1843. *Desc. des anim. foss.*, p. 107, pl. 3, fig. 5.

Petite coquille deux fois plus longue que large, de forme ovale, à bords tranchants, à crochets très-petits, situés antérieurement et assez pointus. Les deux valves sont régulièrement bombées dans leur partie médiane et un peu déprimées vers le bord ventral ; leur surface est parfaitement lisse.

Dimensions. — Longueur, 9 millimètres; largeur, 4, 5 millimètres.

Rapports et différences. — Cette espèce a quelque ressemblance avec ma *Cardiomorpha livida* dont elle diffère par sa forme relativement beaucoup plus allongée et par la situation tout à fait antérieure de ses crochets. Quoique l'une et l'autre de ces espèces aient la forme générale des *Modiola*, je préfère les maintenir dans le genre *Cardiomorpha,* parce que leur surface est lisse, très-mince et nullement nacrée.

Gisement et localité. — Provient des assises carbonifères de Bleiberg. Elle y est rare.

2. — CARDIOMORPHA CONCENTRICA, *L.-G. de Koninck.*

(Pl. III, fig. 6.)

Coquille petite, de forme subtrapézoïdale, un peu plus longue que large, à crochets médiocres, peu recourbés et situés vers la partie antérieure des valves ;

valves irrégulièrement bombées, obliquement déprimées du côté postéro-dorsal; bord antérieur régulièrement arrondi, se reliant au bord postérieur légèrement tronqué, par une faible courbe; bord dorsal presque entièrement droit; test mince; surface couverte de stries concentriques d'accroissement, bien marquées et très-nombreuses relativement à sa petite taille.

Dimensions. — Longueur : 8 millimètres; largeur, 6 millimètres; nombre des stries environ 30 — 35.

Rapports et différences. — Les ornements extérieurs de cette espèce ont une certaine ressemblance avec ceux de ma *C. Puzosiana;* elle diffère de celle-ci par sa petite taille, par sa forme moins arrondie et par la position beaucoup plus antérieure de ses crochets.

Gisement et localité. — N'a été trouvée que dans les assises carbonifères de Bleiberg.

5. — CARDIOMORPHA? SUBREGULARIS, *L.-G. de Koninck.*

(Pl. III, fig. 5.) [1].

Coquille de taille moyenne, à contour subpentagonal, subéquilatérale, à bord postérieur légèrement tronqué et à bord ventral faiblement arqué. Les crochets sont petits, peu recourbés et situés vers le milieu du côté dorsal. Les valves sont assez régulièrement bombées et assez profondes; leur surface externe est ornée de plis concentriques, irréguliers, produits par l'accroissement successif de la coquille.

Dimensions. — Longueur : 23 millimètres; largeur : 16 millimètres.

Rapports et différences. — N'ayant pu observer la charnière de cette espèce, je ne puis pas affirmer qu'elle appartienne au genre dans lequel je la place provisoirement. Il ne serait pas impossible qu'elle dût se rapporter au genre *Edmondia,* qui d'ailleurs est classé dans la même famille et en est très-voisin. Je ne connais aucune espèce ni de l'un, ni de l'autre de ces genres, dont les crochets offrent une situation analogue et qui puisse être confondue avec celle-ci.

Gisement et localité. — Assez rare dans les assises carbonifères de Bleiberg.

[1] Cette figure a été dessinée en sens inverse, par inadvertance.

Genre SCALDIA, *de Ryckholt* (1).

Ce genre a été créé, à juste titre, pour un certain nombre de coquilles qui ont l'apparence extérieure des *Cardiomorpha*, mais qui s'en distinguent par la présence, à la charnière de chaque valve, d'une dent unique, bien prononcée, correspondant à une petite fossette creusée dans la valve opposée. Le sinus palléal est bien marqué, quoique généralement assez peu profond.

S.-P. Woodward a rapproché les *Scaldia* des *Edmondia* et en a fait un sous-genre. Je préfère les classer à la suite des *Cardiomorpha* dont elles possèdent non-seulement la forme et les ornements, mais encore la faible épaisseur et la structure du test.

Elles diffèrent des *Niobe* par l'absence de carène et par le sinus de leurs impressions palléales.

Les assises carbonifères de Carinthie ne m'ont offert qu'une seule espèce que je puisse rapporter à ce genre.

SCALDIA CARDIIFORMIS, *L.-G. de Koninck.*

(Pl. III, fig. 11.)

Coquille légèrement transverse, un peu plus longue que large, de forme ovalaire, à crochet assez épais, peu recourbé, presque médian, à lunule très-petite; les valves sont assez profondes, presque régulièrement bombées; leurs bords sont tranchants; le bord antérieur est uniformément arrondi; les autres le sont un peu moins. Le test est extrêmement mince; la surface externe est presque entièrement lisse; on n'y observe que de légères stries d'accroissement à peine visibles à l'œil nu et quelques lignes rayonnantes très-superficielles, situées vers l'extrémité anale des valves et se dirigeant des bords libres vers le crochet.

Dimensions. — Longueur : 36 millimètres; largeur : 30 millimètres; épaisseur environ 25 millimètres.

Rapports et différences. — Par sa surface lisse, cette espèce se distingue facilement de toutes celles qui ont été décrites par M. de Ryckholt.

Gisement et localité. — On n'a trouvé qu'un très-petit nombre d'échantillons de cette espèce à Bleiberg.

(1) *Mélanges de Paléontologie*, 1re partie, p. 67.

Genre SANGUINOLITES, *M' Coy*, 1844.

M. Mc Coy, en créant ce genre sans avoir à sa disposition des charnières bien isolées, n'a pu en définir nettement les caractères. Il n'est donc pas étonnant qu'il y ait introduit un certain nombre de coquilles, qui, malgré leur ressemblance extérieure, sont cependant génériquement fort différentes les unes des autres et appartiennent au moins à trois groupes différents. M. le professeur W. King, après en avoir discuté la valeur et en avoir fait ressortir les véritables caractères, prouva que quelques-unes seulement des espèces qui y avaient été comprises par M. Mc Coy pouvaient y rester; que d'autres appartenaient aux genres *Edmondia* et *Pleurophorus* ou à des groupes encore mal définis et peut être nouveaux. Je suis parfaitement d'accord avec M. King, qui, à mon avis, n'a eu que le tort de donner la préférence au nom générique proposé par lui-même, quoique le nom de M. Mc Coy eût la priorité sur le sien.

Quelques-unes des espèces dont j'ai fait des *Pholadomya* doivent rentrer dans le genre *Sanguinolites;* j'aurai bientôt l'occasion de rectifier cette erreur.

1. — SANGUINOLITES PARVULA, *L.-G. de Koninck.*

(Pl. III, fig. 1.)

Petite coquille très-allongée, à contour subelliptique, à bord postérieur légèrement tronqué; crochets petits, situés très-près du bord antérieur dont le contour est régulièrement arrondi; bord ventral quelquefois un peu sinueux; cette sinuosité est déterminée par une légère dépression qui, ayant son origine aux crochets, atteint obliquement le bord [1]. Les valves sont relativement profondes et un peu gibbeuses; leur test est mince, feuilleté et leur surface externe est ornée d'un grand nombre de stries d'accroissement dont quelques-unes, plus prononcées de distance en distance, rendent la surface légèrement onduleuse.

Dimensions. — Longueur : 10 à 18 millimètres; largeur : 4 à 7 millimètres; épaisseur : 3 à 5, 5 millimètres.

[1] Je crois devoir faire observer que plusieurs de ces détails ont échappé au dessinateur et que la figure citée ne rend pas très-exactement la forme de l'espèce qu'elle était destinée à représenter.

Rapports et différences. — Cette petite espèce a quelque ressemblance avec le *S. subcarinatus,* Mc Coy, qui en diffère par sa taille et par la forme nettement anguleuse de ses valves.

Gisement et localités. — Cette espèce n'est pas très-rare à Bleiberg et, quoique petite, elle possède tous les caractères d'une coquille parfaitement adulte.

2. — SANGUINOLITES UNDATUS, *Portlock.*

(Pl. III, fig. 2.)

SANGUINOLARIA UNDATA. Portlock, 1843. *Report on the geol. of the county of Londond.,* etc., p. 434, pl. 24, fig. 20.
ORTHONOTA? UNDATA. King, 1850. *Monogr. of the perm. foss. of England,* p. 164 (5th note).

Coquille oblongue, à contour ellipsoïdal, à bord ventral faiblement arqué, tandis que le bord dorsal est légèrement concave; le bord antérieur est arrondi et le postérieur un peu tronqué obliquement; la partie postérieure est plus large que l'antérieure; les crochets, qui semblent avoir été assez petits et peu proéminents, sont situés à une certaine distance du bord antérieur. Les valves sont irrégulièrement bombées; un lobe peu prononcé se rattachant par une pente insensible aux deux côtés, et ayant son origine aux crochets, les traverse diagonalement et les divise en deux parties subtriangulaires, inégales. Toute la surface est ornée de plis concentriques d'accroissement, beaucoup plus épais et beaucoup plus distants les uns des autres sur la moitié postérieure de la coquille que sur la partie antérieure. Sur la partie dorsale on observe entre ces gros plis de fines stries qui leur sont parallèles, mais qui disparaissent en grande partie sur la partie ventrale et antérieure des valves.

Dimensions. — Longueur : environ 7 centimètres ; largeur moyenne : (2, 5) centimètres.

Rapports et différences. — Cette espèce est voisine du *S. iridinoides,* Mc Coy; elle en diffère par la forme de ses plis qui sont mieux développés, par une taille beaucoup plus petite et par la distance plus considérable qui sépare ses crochets du bord antérieur ainsi que par le faible rayon de courbure de celui-ci.

Gisement et localité. — Je n'ai rencontré qu'un seul échantillon de cette espèce parmi les fossiles provenant des assises carbonifères de Bleiberg. Portlock n'en a trouvé qu'un fragment dans les schistes carbonifères de Desertcreat, dans le comté de Tyrone, en Irlande.

Famille : CYPRINIDAE.

Genre PLEUROPHORUS, *King*.

PLEUROPHORUS ? INTERMEDIUS, *L.-G. de Koninck*.

(Pl. III, fig. 7.)

Il n'existe de cette espèce que le seul fragment qui en a été figuré, mais ce fragment est suffisamment bien conservé pour me permettre d'affirmer qu'il ne provient d'aucune des espèces actuellement connues et que sa forme a du être semblable à celle de l'espèce du même genre qui a été décrite par M. de Ryckholt, sous le nom de *Solenopsis uniplicata* (1).

En effet, ses valves sont, comme chez cette dernière, partagées diagonalement en deux parties subtriangulaires par une carène diagonale qui s'étend depuis les crochets jusqu'à l'extrémité antérieure du bord ventral; une deuxième carène moins saillante, mais plus mince et les traces d'une troisième se montrent dans la partie triangulaire adjacente au bord cardinal et divisent cette partie en deux ou trois petits triangles à sommet très-aigu, dirigé vers le crochet; le bord postérieur est obliquement tronqué; le bord ventral est faiblement arqué et le bord cardinal est presque droit; la surface extérieure des valves est ornée de stries concentriques assez rapprochées et en même temps assez profondes pour produire une légère imbrication. La direction de ces stries indique suffisamment la forme que la coquille a dû avoir et démontre qu'elle était plus large en arrière qu'en avant.

Dimensions. — Longueur : environ 2 centimètres; largeur moyenne : 9, 10 millimètres; épaisseur : 5, 6 millimètres.

Rapports et différences. — Ainsi que je viens de l'indiquer, cette espèce est voisine du *P. uniplicatus*, de Ryckholt, par sa forme générale et par la nature de ses ornements; elle en diffère non-seulement par sa taille et par l'exiguïté de ses plis concentriques, mais encore par sa faible épaisseur, la direction en ligne droite

(1) *Mélanges de Paléontologie*, part. II, p. 60, pl. 14, fig. 1.

de sa carène diagonale et la présence d'une seconde petite carène dans sa partie déprimée. Par ce dernier caractère elle se rapproche du *P. tricostatus*, Portlock, avec lequel on ne peut cependant pas la confondre, à cause de sa forme moins régulièrement elliptique et de ses stries concentriques, lesquelles font défaut sur ce dernier.

Gisement et localité. — Très-rare dans les assises carbonifères de Bleiberg.

GENRE ASTARTELLA, *J. Hall.*

ASTARTELLA? REUSSIANA, *L.-G. de Koninck.*

(Pl. III, fig. 8.)

Coquille de forme subelliptique, à crochets petits, situés très-près du bord antérieur; valves assez régulièrement bombées, un peu transversalement déprimées du côté du bord cardinal; surface presque lisse, faiblement et irrégulièrement ondulée par suite de l'accroissement successif de la coquille; corselet très-mince, peu marqué; le test m'a paru relativement assez épais.

Dimensions. — Longueur : 18 millimètres; largeur : 10 millimètres.

Rapports et différences. — Ce n'est qu'avec doute que je place cette espèce dans le genre *Astartella*, qui est probablement, dans les terrains paléozoïques, le représentant du genre *Astarte* des terrains plus récents. Ce doute ne pourra disparaitre que par la découverte de la charnière; en attendant, j'ai été conduit à la désigner de préférence sous ce nom générique, à cause de sa ressemblance avec mon *A. transversa*, dont la charnière est parfaitement connue et dont elle diffère par sa forme plus elliptique et moins anguleuse, par la position moins marginale de ses crochets et par sa surface relativement beaucoup plus lisse.

Gisement et localité. — Très-rare à Bleiberg.

Famille : TRIGONIADAE.

Genre NIOBE, *L.-G. de Koninck.*

Axinus. Mc Coy (non Sowerby).
Amphidesma. Portlock (non Lamarck).

Coquille subtriangulaire, arrondie en avant, un peu prolongée et atténuée en arrière, très-mince, à surface, généralement lisse, avec une arête oblique plus ou moins marquée; ligament externe; une seule dent cardinale, conique, lisse; empreinte du muscle adducteur antérieur petite, peu marquée, rapprochée des crochets; celle du muscle adducteur postérieur voisine du bord cardinal; impression palléale simple.

Rapports et différences. — Il y a très-longtemps déjà que j'ai reconnu la nécessité de réunir dans un groupe spécial certaines espèces de coquilles dont les unes ont été placées parmi les *Axinus*, les autres parmi les *Amphidesma*, les *Donax*, les *Cypricardia* ou les *Dolabra* par la raison que les paléontologistes qui les ont décrites n'ont pas eu l'occasion d'en constater les véritables caractères génériques.

Dans les listes de fossiles carbonifères publiées par MM. d'Omalius d'Halloy, Éd. Dupont et G. Dewalque, il a été fait usage du nom générique que j'ai proposé et les espèces classées sous ce nom ont permis de reconnaître suffisamment les formes auxquelles il était applicable, pour qu'il ne pût pas y avoir de doute sur la place qu'il devait occuper dans la méthode.

Le genre *Niobe* est très-voisin des *Axinus* paléozoïques de Sowerby, qu'il faut avoir soin de ne pas confondre avec les *Axinus* vivants ou tertiaires du même auteur et qui sont loin d'appartenir à la même famille.

Les premiers sont identiques aux *Schizodus* de M. King. Les *Niobe* en diffèrent principalement par leur charnière, qui n'est garnie que d'une dent, tandis que les *Schizodus* en ont deux. On les distingue facilement des *Curtonotus* de Salter, qui ne possèdent également qu'une seule dent cardinale, parce que celle-ci est très-forte et triangulaire, tandis que celle des *Niobe* est petite et conique.

1. — NIOBE LUCINIFORMIS, *L.-G. de Koninck.*

(Pl. III, fig. 12.)

Coquille petite, de forme subtriangulaire, arrondie en avant, pointue en arrière, à crochets très-peu recourbés; lunule petite; valves gibbeuses, relativement très-profondes, nettement séparées en deux parties très-inégales par une arête diagonale, qui, partant des crochets et en s'infléchissant faiblement vers le côté ventral, atteint l'angle postérieur de la coquille; le bord cardinal ou dorsal proprement dit est très-court et ne se relie au bord postérieur très-oblique que par un angle obtus, peu prononcé; la coquille vue de profil, comme dans la fig. 12*b*, laisse apercevoir une surface ovale, limitée par les arêtes diagonales des valves et partagée en deux parties égales par la commissure des bords un peu relevées et assez tranchants. La surface externe est lisse ou uniquement ornée de fines stries d'accroissement, invisibles à l'œil nu.

Dimensions. — Longueur : 9 millimètres; largeur : 7 millimètres; épaisseur : 6 millimètres; les dimensions ont été prises sur un échantillon d'une conservation parfaite.

Rapports et différences. — La ressemblance extérieure de cette espèce avec la *Nucula luciniformis*, Phill., est si grande que j'aurais été vivement tenté de la considérer comme identique avec elle, si M. Mc Coy, qui a eu l'occasion d'examiner la charnière de celle-ci, n'avait affirmé qu'elle appartient réellement au genre dans lequel elle a été classée par le savant auteur de la géologie du Yorkshire.

Gisement et localité. — Je n'ai rencontré qu'un très-petit nombre d'échantillons de cette espèce parmi les fossiles de Bleiberg.

2. — NIOBE NUCULOIDES, *Mc Coy.*

(Pl. III, fig 13.)

Axinus nuculoides. Mc Coy, 1844. *Syn. of the carb. foss. of Irel.*, p. 63, pl. 11, fig. 9.
Axinus? nuculoides. J. Morris, 1854. *Cat. of brit. foss.*, p. 189.

Coquille subtrigone, un peu plus longue que large, régulièrement arrondie antérieurement, subanguleuse du côté opposé; bord ventral faiblement recourbé; valves assez régulièrement bombées dans la majeure partie de leur étendue; arête diagonale peu marquée; crochets petits, situés vers le tiers antérieur de la coquille. Surface extérieure presque complétement lisse.

Dimensions. — Longueur : 12 millimètres; largeur : 9 millimètres; épaisseur : 6 millimètres.

Rapports et différences. — Cette espèce est assez voisine de la précédente, dont elle diffère par la forme beaucoup moins anguleuse de son côté anal et par la différence dans les rapports de ses dimensions.

Gisement et localités. — M. Mc Coy a découvert cette espèce à Dromard, en Irlande. Elle est rare à Bleiberg.

3. — NIOBE ELONGATA, *L.-G. de Koninck.*

(Pl. III, fig. 14.)

Coquille allongée, de forme subovale, assez mince; les crochets sont petits, presque droits et situés un peu au-dessous de la moitié de la longueur totale de la coquille; les bords des valves sont très-tranchants; le côté antérieur est plus régulièrement arrondi et légèrement plus large que le côté opposé; le bord ventral est arqué; le bord dorsal est faiblement anguleux; les valves ne sont pas fortement comprimées dans le voisinage de ce bord; l'arête diagonale qui n'est guère marquée, est subparallèle à la partie supérieure du bord dorsal et peu distante de celui-ci. Le test est très-mince et sa surface, presque complétement lisse, n'est ornée que de quelques légères stries d'accroissement.

Dimensions. — Longueur : 19 millimètres; largeur : 11 millimètres; épaisseur : environ 6 millimètres.

Rapports et différences. — La *Niobe* (*Axinus*) *obovata*, Mc Coy, est probablement l'espèce avec laquelle la *N. oblonga* a le plus de rapports; elle s'en distingue facilement par sa forme relativement plus allongée, par la situation plus médiane de ses crochets et la forme subanguleuse de son bord dorsal.

Gisement et localité. — Je n'en ai vu que quelques échantillons provenant des schistes carbonifères de Bleiberg; la plupart étaient en assez mauvais état.

FAMILLE : ACRADAE.

I. — GENRE LEDA, *Schumacher.*

LEDA CARINATA? *Mc Coy.*

(Pl. III, fig. 9.)

NUCULA CARINATA. Mc Coy, 1844. *Syn. of the carb. foss. of Irel.*, p. 68, pl. 11, fig. 21.
LEDA — J. Morris, 1854. *Cat. of the brit. foss.*, p. 205.

Petite coquille de forme subrhomboïdale, un peu plus longue que large, à crochets petits, submédians; valves gibbeuses, partagées en deux parties triangulaires un peu inégales, par une arête faiblement arquée, qui des crochets se dirige vers l'extrémité supérieure du bord ventral. Surface externe ornée de fines stries, assez profondes et assez bien marquées pour être facilement distinguées à la simple vue.

Dimensions. — Longueur : 7 millimètres; largeur : 5 millimètres.

Rapports et différences. — Je n'ai pas hésité à considérer cette espèce comme identique avec la *Leda* décrite et figurée par M. Mc Coy sous le nom de *Leda (Nucula) carinata*, quoique la description et la figure que ce paléontologiste en donne soient un peu différentes des miennes. Cette différence que je considère comme purement locale, consistant principalement dans le prolongement un peu plus considérable et la forme un peu plus anguleuse de l'extrémité postérieure de la coquille, ne m'a pas semblé être assez importante pour motiver la création d'une nouvelle espèce. Je ne connais aucune autre espèce carbonifère qui lui ressemble et avec laquelle on puisse la confondre.

Gisement et localités. — M. Mc Coy n'a trouvé qu'un seul échantillon de cette espèce à Lisnapaste, comté de Donégal, en Irlande. Elle n'est pas moins rare en Carinthie.

II. — Genre TELLINOMYA, *J. Hall.*

Ce genre, ayant été créé en 1843 (¹) par M. Hall sur des moules intérieurs, ne put pas être complétement caractérisé par ce savant paléontologiste. Il n'est donc pas étonnant que Salter, ayant eu à sa disposition des échantillons plus parfaits, ait proposé en 1851 (²) le nom de *Ctenodonta* pour ces mêmes fossiles. Ayant reconnu son erreur en 1859 (³), il eut le tort de maintenir son nom de préférence à celui de M. Hall, malgré l'incontestable priorité de celui-ci. Si l'on admettait la raison qu'il donne à cet effet et qui est basée sur ce que le nom de *Tellinomya* pourrait faire supposer d'autres affinités que celles que le genre possède en réalité, on aurait à modifier beaucoup d'autres noms et on risquerait fort de tomber dans l'arbitraire.

1. — TELLINOMYA Mc COYANA, *L.-G. de Koninck.*

(Pl. III, fig. 17.)

Petite coquille de forme elliptique, d'un tiers environ plus longue que large; à crochets épais, situés vers la partie antérieure et assez fortement recourbés. Valves relativement profondes, régulièrement voûtées dans leur partie antérieure limitée par l'arête obtuse qui, ayant son origine aux crochets, se rend obliquement vers l'extrémité supérieure du bord ventral. Sa charnière est garnie d'un grand nombre de petites dents dont la disposition est tout à fait semblable à celle des espèces figurées par Salter et m'a déterminé à la séparer des vraies *Nucula.* Test assez mince, à surface ornée de petites stries concentriques, régulièrement espacées et assez profondes.

Dimensions. — Longueur : 11 millimètres; largeur : 8 millimètres; épaisseur : environ 6 millimètres.

Rapports et différences. — La forme générale de cette espèce ressemble un peu à celle de la *Tellinomya gibbosa,* Fleming; elles se distinguent l'une de l'autre par la différence des ornements de leur surface.

Gisement et localité. — Je ne connais de cette espèce que l'échantillon figuré, provenant des assises carbonifères de Bleiberg.

(¹) *Nat. Hist. of New-York, Paleontology,* t. I, p. 151.
(²) *Report of the brit. Associat.,* p. 63.
(³) *Figures and descr. of canadian org. remains,* Decade I, p. 34.

2. — TELLINOMYA GIBBOSA, *Fleming.*

(Pl. III, fig. 18.)

MULTARTICULATE COCKLE. D. Ure, 1793. *Hist. of Rutherg.*, p. 310, pl. 15, fig. 6.
NUCULA GIBBOSA. Fleming, 1828. *Brit. anim.*, p. 403.
— TUMIDA. J. Phillips, 1836. *Geol. of Yorks*, t. II, p. 210, pl. 5, fig. 15.
— — Portlock, 1843. *Report on the geol. of the county of Londond.*, p. 439.
— GIBBOSA. Mc Coy, 1844. *Syn. of the carb. foss. of Irel.*, p. 69.
— — J. Morris, 1854. *Cat. of brit. foss.*, p. 216.
— — J. Gray, 1865. *Biogr. notice of D. Ure*, p. 52.
— — Armstrong, 1871. *Trans. of the geol. Soc. of Glasgow*, t. III, suppl., p. 53.

Petite coquille allongée, ovoïde, presque aussi épaisse que large, à crochets terminants, assez fortement recourbés sur eux-mêmes; valves profondes, gibbeuses, à bords obtus; surface ornée de stries irrégulières d'accroissement, mais souvent assez profondes pour produire quelques ondulations.

Dimensions. — Longueur : 14 millimètres; largeur : 9 millimètres; épaisseur : 8, 5 millimètres. Ces mesures ont été prises sur un échantillon à peu près parfait.

Rapports et différences. — Ainsi que je l'ai fait observer déjà, cette espèce est voisine de la précédente; elle en diffère surtout par l'absence des stries régulières qui couvrent la surface de la *T. Mc Coyana.*

Gisement et localités. — Cette espèce est très-abondante dans les schistes carbonifères des environs de Glasgow; on la rencontre également dans le calcaire de Bolland, en Yorkshire et de Visé, en Belgique. Portlock et M. Mc Coy l'ont signalée en Irlande dans les schistes qui recouvrent le calcaire de Cullion. Elle est assez rare à Bleiberg.

3. — TELLINOMYA RECTANGULARIS, *Mc Coy.*

(Pl. III, fig. 10.)

NUCULA RECTANGULARIS. Mc Coy, 1844. *Syn. of the carb. foss. of Ireland*, p. 71, pl. 11, fig. 20.
— — J. Morris, 1854. *Cat. of brit. foss.*, p. 217.

Coquille assez petite, subrectangulaire, à côtés opposés subparallèles, peu arqués, sauf l'inférieur qui est un peu plus arrondi que les trois autres; les crochets sont presque terminants et peu épais. Les valves sont assez profondes, mais ne sont pas régulièrement bombées; les parties médiane et postérieure sont légèrement déprimées et séparées par une arête diagonale peu prononcée; leur surface est ornée d'un grand nombre de stries concentriques, dont de distance en distance il s'en trouve une plus forte et plus profonde que les autres, ce qui tend à rendre la surface inégale et un peu onduleuse.

Dimensions. — Longueur : 12 millimètres; largeur : 8 millimètres; épaisseur environ 7 millimètres.

Rapports et différences. — Cette espèce a plutôt l'apparence et la forme d'une *Astarte* ou d'un genre voisin, que celle d'une *Tellinomya* ou d'une *Nucula.* Cependant le doute sur sa véritable classification n'est pas possible, parce que de même que M. Mc Coy, j'ai eu l'occasion de m'assurer que sa charnière était composée d'une série de petites dents parfaitement caractérisées. Je ne connais aucune autre espèce qui possède au même degré la forme rectangulaire de celle-ci, circonstance qui lui a valu son nom.

Gisement et localités. — Elle a été découverte par M. Mc Coy à Lisnapaste, en Irlande. Elle est assez rare à Bleiberg.

III. — Genre ARCA, *Linnaeus.*

(Section : **Macrodon**, *Lycett.*)

Les espèces paléozoïques de ce genre, ayant généralement une forme plus régulière que les espèces vivantes, leurs dents antérieures plus ou moins obliques comme les vraies *Arca* et leurs dents postérieures à peu près parallèles à la ligne cardinale comme les *Cucullæa,* forment un groupe intermédiaire assez naturel, auquel appartiennent les deux espèces suivantes :

1. — ARCA ANTIRUGATA, *L.-G. de Koninck.*

(Pl. III, fig. 15.)

Coquille de moyenne taille, à contour subtrapézoïdal, deux fois aussi longue que large, à bord cardinal droit, formant avec le bord postérieur un angle obtus; bord ventral arqué, se reliant par une courbe régulière au bord semi-circulaire inférieur.

Les crochets sont assez épais, mais peu recourbés. Les valves ne sont pas très-profondes, mais régulièrement voûtées dans la majeure partie de leur étendue et un peu déprimées vers le bord cardinal; leur surface est ornée antérieurement de quelques lignes concentriques assez uniformément espacées qui se prolongent en partie jusque vers le milieu des valves où elles s'effacent complétement.

Dimensions. — Longueur : 4 centimètres; largeur : 2 centimètres; épaisseur : environ 1 centimètre; angle formé par l'intersection des bords supérieur et cardinal : 147°.

Rapports et différences. — Cette espèce est voisine de l'*A. obtusa*, Phillips. Elle en diffère par l'absence d'ornements sur les bords cardinaux, par la forme plus arrondie de son bord antérieur et par la régularité de ses stries d'accroissement.

Gisement et localité. — Assez rare à Bleiberg.

2. — ARCA PLICATA, *L.-G. de Koninck.*

(Pl. III, fig. 16.)

Petite coquille à peu près ovale, d'un tiers plus longue que large, gibbeuse, à crochets petits, antérieurs; valves modérément profondes, un peu plus larges en arrière qu'en avant, assez régulièrement arrondies aux deux extrémités; dents cardinales postérieures au nombre de trois, très-longues et subparallèles (voir les figures). Surface ornée de huit à dix plis concentriques, arrondis, assez réguliers lisses.

Dimensions. — Longueur : 13 millimètres; largeur : 8 millimètres; épaisseur : environ 6 millimètres.

Rapports et différences. — Il ne serait pas impossible que cette espèce fût identique avec celle que M. Mc Coy a décrite sous le nom de *Venerupis scalaris* ([1]), dont elle a en effet les principaux caractères; mais la charnière de celle-ci n'étant pas connue, il m'a été impossible de trancher la question.

Gisement et localité. — Un seul échantillon de cette espèce a été découvert à Bleiberg.

([1]) *Syn. of the carb. foss., of Ireland,* p. 67, pl. 10, fig. 6.

FAMILLE : AVICULIDAE.

—

GENRE AVICULOPECTEN, *Mc Coy.*

Ce genre, créé en 1852 par M. Mc Coy pour un certain nombre d'espèces paléozoïques qui jusqu'alors avaient été rangées soit parmi les *Pecten*, soit parmi les *Avicula*, a été assez généralement adopté depuis.

Il est surtout caractérisé par les aréas cardinales plates de ses valves, portant plusieurs sillons longs et étroits des cartilages légèrement obliques de chaque côté des crochets; sa valve droite, ordinairement moins profonde que la gauche, est presque dépourvue d'ornements; au-dessous de l'oreillette antérieure de cette valve, on observe un sillon profond et étroit qui a servi de passage au byssus et qui parfois se transforme en une véritable gaîne calcaire, faisant saillie à l'intérieur, ainsi que j'ai eu l'occasion de l'observer sur certains échantillons des environs de Tournai. L'impression du muscle adducteur est grande, simple et subcentrale comme chez les *Avicula*, tandis que celle du pied est petite, profonde et située au-dessous du crochet.

Le nombre des espèces de ce genre est très-considérable; leur détermination est souvent difficile et il est probable que l'on a décrit comme espèces distinctes des valves appartenant à la même, mais qui, n'ayant pas été trouvées réunies, diffèrent considérablement les unes des autres par leur forme et leurs ornements.

1. — AVICULOPECTEN DEORNATUS, *Phillips.*

(Pl. III, fig. 23.)

PECTEN DEORNATUS.	J. Phillips, 1836. *Geol. of Yorks.*, t. II, p. 213, pl. 6, fig. 26.
— —	Mc Coy, 1844. *Syn. of the carb. foss. of Irel.*, p. 91.
— —	A. d'Orbigny, 1850. *Prod. de paléont.*, t. I, p. 158.
AMUSIUM? DEORNATUM.	Mc Coy, 1855. *Brit. palaeoz. foss.*, p. 478.

Petite coquille, subovale, un peu oblique; valve gauche peu bombée à surface presque lisse, uniquement garnie de quelques faibles ondulations concentriques. D'après la figure qu'en a donnée M. Phillips, le bord cardinal est droit et les oreillettes que je n'ai pas eu l'occasion d'observer directement sont subégales. Cette espèce ne peut donc pas entrer dans la section des *Amusium*, comme l'a supposé M. Mc Coy; sa valve droite est inconnue.

Dimensions. — Longueur : 8 millimètres; largeur : 7 millimètres.

Rapports et différences. — Quoiqu'il ait été admis comme espèce distincte par MM. Phillips et Mc Coy, je n'oserais pas affirmer que cet *Aviculopecten* ne soit pas un jeune individu de l'espèce suivante dont-il possède approximativement la forme réduite. C'est une question qu'il sera facile de résoudre plus tard par la comparaison d'un plus grand nombre d'échantillons que celui qui a été mis à ma disposition.

Gisement et localités. — M. Phillips a rencontré cette espèce dans les assises carbonifères du Yorkshire et M. Mc Coy dans le schiste carbonifère noir de Lowick, en Northumberland, ainsi que dans le calcaire carbonifère de Litle-Island, près Cork. Il est aussi rare dans ces diverses localités qu'à Bleiberg.

2. — AVICULOPECTEN ANTILINEATUS, *L.-G. de Koninck.*

(Pl. III, fig. 22.)

Coquille à contour subcirculaire; subéquilatérale, à crochet légèrement incliné en avant. Valve gauche faiblement, mais régulièrement voûtée; oreillettes bien développées, ayant l'une et l'autre à peu près la même dimension; l'antérieure est nettement séparée du reste de la valve par une échancrure étroite et un peu recourbée sur elle-même. La surface est presque lisse; elle n'est ornée que de faibles marques d'accroissement successif et d'un petit nombre de fines côtes rayonnantes, très-superficielles dont on ne constate l'existence qu'à la partie antérieure de la valve. Valve droite inconnue.

Cette définition se rapporte spécialement à l'échantillon représenté par la fig. 22*a* que je considère comme normal, tandis que celui qui a servi de modèle à la fig. 22*b* me paraît n'être qu'une variété de la même espèce, dont les formes ont été en partie altérées par la fossilisation.

Dimensions. — Longueur : 25 millimètres; largeur : idem.

Rapports et différences. — Cette espèce a quelque analogie avec les *A. sibericus*, de Verneuil, et *Sedgwickii*, Mc Coy; mais leur surface ondulée et l'absence des côtes rayonnantes suffisent pour qu'on ne les confonde pas avec elle.

Gisement et localité. — Quelques échantillons seulement de cette espèce ont été recueillis à Bleiberg.

3. — AVICULOPECTEN CONCENTRICO-STRIATUS, *Mc Coy.*

(Pl. III, fig. 20.)

Pecten concentrico-striatus.	Mc Coy, 1844. *Syn. of the carb. foss. of Irel.*, p. 91, pl. 14, fig. 5.
Avicula concentrico-striata.	A. d'Orbigny, 1850. *Prod. de paléont.*, t. I, p. 136.
Aviculopecten concentrico-striatus.	J. Morris, 1854. *Cat. of brit. foss.*, p. 164.
— — —	Mc Coy, 1855. *Brit. palaeoz. foss.*, p. 484.
— — —	Armstrong, 1871. *Trans. of the geol. Soc. of Glasgow*, t. III, suppl., p. 45.

Coquille de taille médiocre, subcirculaire, subéquilatérale, à crochets à peu près droits; selon M. Mc Coy, les oreillettes dont je n'ai pu observer qu'un fragment sont assez développées et l'antérieure est nettement séparée du restant de la valve, par un sillon profond et étroit. Les valves sont faiblement, mais régulièrement bombées; leur surface est ornée d'un grand nombre de petits plis concentriques, très-minces, nettement séparés les uns des autres; ces plis sont d'abord un peu distants et régulièrement espacés près du crochet, mais ils sont beaucoup plus nombreux et plus serrés vers les parties marginales des valves.

Dimensions. — Longueur: 15 millimètres; largeur: id.; angle apicial: 95—100°.

Rapports et différences. — Je ne connais aucune espèce carbonifère qui soit comparable à celle-ci et avec laquelle on pourrait la confondre.

Gisement et localités. — M. Mc Coy l'a signalée à Killymeel, en Irlande, et dans le Derbyshire. M. Armstrong la dit rare à Corrieburn, en Écosse; elle l'est aussi à Bleiberg.

4. — AVICULOPECTEN BARRANDIANUS, *L.-G. de Koninck.*

(Pl. III, fig. 21.)

Coquille subcirculaire, subéquilatérale, à crochets droits, à oreillettes assez bien développées; valve gauche régulièrement voûtée; surface ornée d'un grand nombre de petits plis concentriques légèrement frangés sur leurs bords et traversés par des côtes très-minces et rayonnantes, produisant ainsi un treillis à petites mailles assez superficiel, qui, à la simple vue, donne l'apparence d'une granulation. La valve droite n'est pas connue.

Dimensions. — Longueur : 24 millimètres ; largeur : 25 millimètres ; angle apicial : 98°.

Rapports et différences. — L'*Aviculopecten mundus* de M. Mc Coy et l'espèce que j'ai décrite sous le nom d'*Aviculopecten mactatus* ont certains rapports avec celle-ci. Elles s'en distinguent l'une et l'autre par leur taille et par la différence dans leurs ornements qui sont relativement beaucoup plus développés.

Gisement et localité. — Cette espèce est une des plus distinctes et des mieux conservées parmi celles du même genre qui ont été recueillies à Bleiberg. Elle y est rare.

5. — AVICULOPECTEN PARTSCHIANUS, *L.-G. de Koninck.*

(Pl. III, fig. 24.)

La coquille de cette espèce est de petite taille, de forme subovale, inéquilatérale, un peu oblique et moins longue que large. Ses oreillettes sont assez petites. La valve gauche est un peu gibbeuse dans sa partie médiane; sa surface est ornée d'un grand nombre de petites côtes rayonnantes dont la plupart se bifurquent à une certaine distance du crochet et qui sont traversées concentriquement par de nombreuses stries d'accroissement.

Dimensions. — Longueur : 10 millimètres; largeur : 13 millimètres; angle apicial : 75°.

Rapports et différences. — Par sa forme et par ses ornements, cette espèce se rapproche de l'*Aviculopecten megalotis*, Mc Coy ; j'aurais hésité à l'en séparer, si le nombre de ses côtes rayonnantes ne s'élevait à peu près au double de celui de l'espèce irlandaise.

Gisement et localité. — Je n'en connais que quelques échantillons des assises carbonifères de Bleiberg.

6. — AVICULOPECTEN FITZINGERIANUS, *L.-G. de Koninck.*

(Pl. III, fig. 26.)

Petite coquille subtrigone, à crochets pointus, subéquilatérale, à oreillettes peu différentes l'une de l'autre; la surface est couverte d'un très-grand nombre de petites côtes rayonnantes assez égales entre elles, ne se bifurquant que rarement et irrégulièrement traversées par un petit nombre de stries concentriques d'accroissement.

Dimensions. — Longueur : 9 millimètres; largeur : 11 millimètres; angle apicial : 78°.

Rapports et différences. — Cette espèce a une certaine analogie avec la précédente, dont elle se distingue par sa forme, par la régularité de ses plis rayonnants et par le petit nombre de ses stries concentriques.

Gisement et localité. — Très-rare à Bleiberg.

7. — AVICULOPECTEN HORNESIANUS, *L.-G. de Koninck.*

(Pl. III, fig. 27.)

Coquille de forme subtriangulaire, à bord ventral régulièrement arrondie, à crochet assez pointu et un peu oblique. Valves faiblement bombées, à surface couvertes de 18-20 côtes rayonnantes anguleuses, alternant avec le même nombre de côtes un peu plus minces; lorsque les échantillons sont bien conservés, les plus fortes côtes portent de petits renflements ou tubercules qui ont probablement servi de base à des lames imbriquées semblables à celles qui existent à la surface de certaines espèces de *Pecten*. Quelques-unes des côtes de la figure 27*c* offrent cette disposition. Ses oreillettes sont grandes et nettement séparées du reste des valves par une dépression anguleuse de chaque côté du crochet.

Dimensions. — Longueur : 8 millimètres; largeur : 9 millimètres. Ces dimensions doivent être doublées pour les échantillons de Visé.

Rapports et différences. — Il existe une certaine analogie dans les ornements de cet *Aviculopecten* et ceux de l'*A. Hardingii*, Mc Coy, mais la différence dans la forme générale et le nombre des côtes suffira pour les distinguer l'un de l'autre.

Gisement et localités. — J'ai rencontré cette espèce dans le calcaire carbonifère de Visé, où elle est fort rare. Elle ne l'est pas moins à Bleiberg.

8. — AVICULOPECTEN INTORTUS, *L.-G. de Koninck.*

(Pl. III, fig. 29.)

Coquille de taille médiocre, de forme ovale, plus large que longue, inéquilatérale, à crochets obliques; valves plus ou moins gibbeuses ayant leur bord inférieur un peu échancré en forme de croissant, dans le voisinage des crochets. Leur surface est ornée d'un très-grand nombre de faibles sillons rayonnants, très-rapprochés les uns des autres et si peu profonds qu'ils sont à peine sensibles au toucher; ils sont traversés par quelques rares stries concentriques d'accroissement, n'interrompant aucunement leur direction et ne produisant aucun relief.

Dimensions. — Longueur : 16 millimètres; largeur : 20 millimètres.

Rapports et différences. — Les ornements de cette espèce sont analogues à ceux de l'*Aviculopecten micropterus*, Mc Coy; cependant les côtes rayonnantes de ce dernier sont relativement plus minces et plus saillantes et l'espace qui les sépare est plus large; il existe en outre une assez grande différence dans la forme générale et dans celle des oreillettes des deux espèces, pour qu'on ne soit pas tenté de les confondre.

Gisement et localité. — Cet *Aviculopecten* est l'un des moins rares des assises carbonifères de Bleiberg.

9. — AVICULOPECTEN ARENOSUS, *Phillips.*

(Pl. III, fig. 30.)

Pecten arenosus.	J. Phillips, 1836. *Geol. of Yorks.*, t. II, p. 212, pl. .
— —	Portlock, 1843. *Report on the geol. of the county of Londond.*, p. 435.
— —	Mc Coy, 1844. *Syn. of the carb. foss. of Irel.*, p. 89.
— —	A. d'Orbigny, 1850. *Prod. de paléont.*, t. I, p. 138.
Aviculopecten arenosus.	J. Morris. *Cat. of brit. foss.*, p. 164.
— —	Armstrong, 1871. *Trans. of the geol. Soc. of Glasgow*, t. III, suppl., p. 45.

Coquille subtriangulaire, subéquilatérale, dont le contour représente à peu près celui d'un quart de cercle, à cause de la forme arrondie du bord ventral. Les crochets sont droits et les valves peu bombées. La surface est ornée d'un nombre considérable de petites côtes rayonnantes presque également minces sur toute leur étendue et se multipliant par interposition; ces petites côtes restent lisses, mais au fond des sillons qui les séparent les unes des autres, on observe de petites stries concentriques assez profondes pour produire une légère imbrication ou granulation, que l'on n'aperçoit qu'à la loupe et dont la figure 30*c* peut servir à donner une idée. Suivant M. Phillips, les oreillettes sont assez petites et subrectangulaires.

Dimensions. — Longueur : 12 millimètres; largeur : 11 millimètres; angle apicial : 95°.

Rapports et différences. — Les ornements de la surface de cette espèce, grossis à la loupe, ressemblent à ceux que l'on découvre facilement à la simple vue sur les valves de l'*Aviculopecten sublobatus*, Phill.; néanmoins le nombre des côtes rayonnantes de celui-ci étant beaucoup plus petit et sa forme générale étant toute différente, la confusion des deux espèces est impossible.

Gisement et localités. — Cet *Aviculopecten* a été rencontré à Costerdale, à Bolland, à Kildare, à Kulkeagh et dans le Derbyshire (Phillips). Il est rare à Bleiberg.

10. — AVICULOPECTEN HAIDINGERIANUS, *L.-G. de Koninck.*

(Pl. III, fig. 28.)

Cette petite coquille est transverse, subéquilatérale et d'une forme assez régulièrement ovale. Les oreillettes sont relativement grandes et bien développées; le crochet est droit; la valve droite est légèrement gibbeuse; sa surface est couverte d'un nombre considérable de petites côtes rayonnantes, se multipliant par-ci par-là par interposition et indistinctement rendues rugueuses par de très-petites imbrications qui ont pour effet de les faire paraître granuleuses à la simple vue.

Dimensions. — Longueur : 10 millimètres; largeur : 15 millimètres; angle apicial : 90°.

Rapport et différences. — Je ne connais jusqu'ici aucune espèce carbonifère avec laquelle celle-ci puisse être confondue.

Gisement et localité. — Très-rare à Bleiberg.

11. — AVICULOPECTEN SUBFIMBRIATUS, *de Verneuil.*

(Pl. III, fig. 25.)

PECTEN OTTONIS? (var.). Portlock, 1843. *Report on the geol. of the county of Londond.*, p. 436, pl. 36, fig. 10 (non Goldfuss).
— SUBFIMBRIATUS. de Verneuil, 1845. *Russia and the Ural mount.*, t. II, p. 327, pl. 21, fig. 5.
— — A. d'Orbigny, 1850. *Prodr. de paléont.*, t. I, p. 138.
AVICULOPECTEN OTTONIS. J. Morris, 1854. *Cat. of brit. foss.*, p. 165.

Coquille un peu plus longue que large, subéquilatérale, à crochet droit, obtus. Valve droite faiblement, mais assez régulièrement bombée, couverte de côtes rayonnantes, au nombre de quarante environ; les côtes qui ornent la moitié antérieure de la valve sont un peu plus étroites que celles qui garnissent l'autre moitié; toutes sont indistinctement traversées par de petits sillons concentriques, donnant lieu à la production de minces lamelles imbriquées et ondulées d'un dessin très-régulier, auquel participe en partie l'oreillette supérieure. Les oreillettes sont assez grandes; l'antérieure seule est nettement séparée de la partie viscérale de la coquille, par un sillon droit, peu profond.

Dimensions. — Longueur : 35 millimètres; largeur : 25 millimètres; angle apicial : 120°.

Rapports et différences. — Quoique la forme générale de l'échantillon corinthien soit un peu différente de celle de l'échantillon russe figuré par M. de Verneuil, je n'ai aucun doute sur l'identité spéifique de l'un et de l'autre; en effet, le nombre de leurs côtes rayonnantes est exactement le même et les ornements dont elles sont chargées sont parfaitement identiques.

L'*Aviculopecten fimbriatus*, Phillips, est très-voisin de cette espèce; les ornements de sa surface sont de même nature, mais il est moins allongé et le nombre de ses côtes est beaucoup plus faible, ses oreillettes sont plus petites et dépourvues de côtes.

Gisement et localités. — Cette espèce a été découverte par sir Roderick Murchison et par MM. de Verneuil et le comte de Keyserling dans le calcaire carbonifère de Peredki, dans le Valdaï. Portlock l'indique à Fermanagh en Irlande. Elle y est aussi rare qu'à Bleiberg.

Famille : OSTREIDAE.

I. — Genre LIMA, *Bruguière*.

1. — LIMA INTERSECTA, *L.-G. de Koninck*.

(Pl. III, fig. 30.)

Coquille transverse subtriangulaire, presque régulièrement bombée, légèrement oblique et inéquilatérale. Surface ornée d'environ trente côtes rayonnantes, qui par moitié sont alternativement un peu plus minces et un peu moins saillantes les unes que les autres; les sillons qui les séparent sont à peu près lisses.

Dimensions. — Longueur : 20 millimètres; largeur : 27 millimètres.

Rapports et différences. — Il n'y a aucune des espèces carbonifères comprises dans ce genre qui offre une certaine ressemblance avec la nôtre. La *Lima alternata*, Mc Coy, possède à la vérité de petites côtes alternativement plus épaisses et plus minces, mais elles sont relativement beaucoup moins bien marquées, leur nombre est beaucoup plus considérable et la forme des valves dont elles ornent la surface est toute différente de celle de notre espèce.

Gisement et localité. — Rare à Bleiberg.

2. — LIMA HAUERIANA, *L.-G. de Koninck.*

(Pl. III, fig. 32.) (1)

Petite coquille, transverse, subcunéiforme, oblique, inéquilatérale, à crochets assez renflés; valves bombées, ornées de seize ou dix-sept plis rayonnants, subégaux, très-anguleux et nettement séparés les uns des autres par des sillons creux; ces ornements sont lisses ou simplement traversés par des stries d'accroissement tellement fines qu'on ne les aperçoit qu'à l'aide d'un instrument grossissant; les plis postérieurs sont un peu plus obsolètes que les antérieurs. Les oreillettes sont courtes, l'antérieure est très-large et se relie insensiblement à la partie viscérale de la coquille, tandis que la supérieure, assez étroite, et nettement limitée, possède une forme qui se rapproche de celle d'un triangle rectangle dont un des côtés est un peu plus long que l'autre.

Dimensions. — Longueur : 9 millimètres; largeur : 12 millimètres.

Rapports et différences. — Cette jolie petite espèce que je me fais un plaisir de dédier à l'un des paléontologistes les plus distingués de l'Autriche, a quelque ressemblance avec la *Lima retifera*, Shumard. Elle s'en distingue facilement par sa forme plus transverse et par le nombre beaucoup moins considérable de ses côtes rayonnantes.

Gisement et localité. — Très-rare à Bleiberg.

(1) C'est par erreur que cette figure a été dessinée en sens inverse.

II. — Genre PECTEN, *O.-F. Müller.*

(? Section : Pseudamussium, *Klein.*)

—

1. — PECTEN (PSEUDAMUSSIUM?) BATHUS, *A. d'Orbigny.*

(Pl. III, fig. 19.)

Pecten Sowerbyi.	Mc Coy, 1844. *Syn. of the carb. foss. of Irel.*, p. 101, pl. 14, fig. 1.
— Bathus.	A. d'Orbigny, 1850. *Prodr. de paléont.*, t. I, p. 139.
— Sowerbyi.	J. Morris, 1854. *Cat. of the brit. foss.*, p. 175.
Amusium Sowerbyi.	Mc Coy, 1855. *Brit. palaeoz. foss.*, p. 478.
Aviculopecten Sowerbyi.	Armstrong, 1871. *Trans. of the geol. Soc. of Glasgow*, t. III, suppl., p. 47.

Coquille suborbiculaire, presque aussi longue que large, légèrement convexe dans sa partie centrale, subéquilatérale. Ses oreillettes sont petites, semblables entre elles, triangulaires, à sommet pointu dépassant suffisamment l'extrémité du crochet pour donner lieu à la formation d'un angle très-prononcé par l'intersection de leur bord cardinal. Sa surface est ornée d'un grand nombre de petits plis concentriques subéquidistants, séparés entre eux par un sillon parfaitement lisse, mais que l'on n'aperçoit bien qu'à l'aide d'un instrument grossissant.

Le test est très-mince et très-fragile; l'enlèvement de sa lamelle externe fait apparaître une série de petites bandes parallèles entre elles et disposées transversalement en zigzag et produisant un dessin semblable à celui que l'on remarque à la surface de certaines espèces de nos mers actuelles.

M. Mc Coy a eu l'occasion d'observer que la surface interne de cette espèce porte un certain nombre de côtes divergentes, épaisses et occupant les deux tiers de l'étendue des valves. L'empreinte musculaire est grande et située un peu plus près du bord postérieur et des crochets que des côtés opposés.

Dimensions. — Longueur : 19 millimètres; largeur : 20 millimètres; angle apicial : environ 110°.

Rapports et différences. — Cette espèce a les plus grands rapports avec le *Pecten aviculatus*, Swallow, et il ne serait pas impossible que celui-ci n'en fût qu'une simple variété; sa forme générale est la même et il ne diffère que par la surface finement cancellée qui sépare les stries concentriques de certains échantillons, ce qui peut dépendre uniquement de leur conservation plus parfaite. Cela est d'autant plus probable que M. Meek a observé sur certains échantillons américains un dessin en zigzag parfaitement analogue à celui des échantillons irlandais et anglais décrits par M. Mc Coy. Ces lignes étant surtout conservées sur les moules internes, on peut admettre qu'elles ont été produites par une substance de nature un peu différente de celle du restant du test et résistant mieux aux agents destructeurs de la fossilisation [1]. M. Meek a créé pour le groupe de *Pecten* auquel celui-ci appartient, un genre auquel il a donné le nom d'*Entolium*, mais il s'est aperçu plus tard que ce groupe correspondait en grande partie à celui que MM. Adams ont désigné sous le nom de *Pseudamussium*, que Klein d'abord et Bruguière ensuite, ont appliqué à certaines espèces de ce même groupe.

Gisement et localités. — M. Mc Coy a rencontré cette espèce dans les couches carbonifères de Bundoran, de Bruckless et de Lisnapaste en Irlande, dans le calcaire carbonifère du Derbyshire et de Lowick et dans le schiste carbonifère de Craige près Kilmarnock. Selon M. Armstrong, elle est commune en Écosse à Boghead, à Newfeld, à Cunningham-Bedland, à Craigenglen, à Corrieburn et à Carluke. Elle est rare à Bleiberg.

Classe : GASTEROPODA.

Ordre : PROSOBRANCHIATA.

Section : HOLOSTOMATA.

Famille : FISSURELLIDAE.

—

Genre BELLEROPHON, *Montfort*.

La définition de ce genre est trop bien connue pour qu'il soit nécessaire de la répéter ici. Je me bornerai à faire observer que la plupart des paléontologistes le considèrent comme devant appartenir à la famille des Atlantidae et qu'il m'est impossible de partager cette opinion. Les principaux motifs qui m'engagent à le

(1) *Report on the paleontology of Eastern Nebraska*, p. 189, pl. IX, fig. 11. Washington, 1872.

retirer de cette famille, pour le grouper dans la famille des FISSURELLIDAE, sont déduits des considérations suivantes que je compte développer plus tard, mais qu'il suffit d'indiquer sommairement.

En premier lieu, la coquille des ATLANTIDAE véritables n'est pas parfaitement symétrique comme celle des *Bellerophon;* ensuite leur test est très-mince, très-transparent, très-luisant, d'un aspect vitreux et corné, semblable à celui des PTÉROPODES, propriétés que la fossilisation n'altère que très-difficilement, tandis que le test des *Bellerophon* est ordinairement épais, opaque et rugueux; leur ouverture est souvent très-large et chargée de fortes callosités, non operculée et le nombre des tours de leur spire est très-petit, à cause de la rapidité avec laquelle elle a dû se développer. Le seul caractère par lequel les *Bellerophon* ressemblent aux ATLANTIDAE vivants consiste dans la carène dorsale dont leur spire est ornée et dans la profonde échancrure de leur bouche; mais ces caractères leur sont communes avec les *Murchisonia,* les *Pleurotomaria,* les *Scissurella,* etc., que l'on n'a jamais songé à rapprocher des ATLANTIDAE.

A mon avis, les *Bellerophon* doivent être classés dans la famille des FISSURELLIDAE à côté du genre *Emarginula,* Lamarck. En effet, la surface de plusieurs espèces de *Bellerophon* est cancellée, comme celle des *Emarginula,* de sorte qu'en supposant que leur nucleus, qui est spiral, continuât à s'enrouler symétriquement au lieu de s'évaser promptement comme il le fait, on obtiendrait un véritable *Bellerophon* à dos caréné et à lèvre de la bouche fendue. La forme de l'impression musculaire, que j'ai parfaitement observée chez les *Bellerophon,* est identique à celle des *Emarginula* et milite en faveur de mon opinion qui d'ailleurs a été admise par Pictet, par M. Meek et par d'autres paléontologistes distingués. J'ai vu avec plaisir que M. Ralph Tate s'en est rapproché en classant les *Bellerophon* dans la famille des HALIOTIDAE et en créant une sous-famille composée des genres *Bellerophon* et *Porcellia* (1). En 1855, M. Mc Coy classait encore ces genres parmi les CÉPHALOPODES.

(1) *Manuel de conchyliologie,* par S.-P. Woodward, avec *Appendix* par Ralph Tate, p. 561.

1. — BELLEROPHON DECUSSATUS, *Fleming.*

(Pl. IV, fig. 1.)

BELLEROPHON	DECUSSATUS.	Fleming, 1828. *Brit. anim.*, p. 338.
—	STRIATUS?	Fleming, 1828. *Ibid.*, p. 338.
—	DECUSSATUS.	Phillips, 1836. *Geol. of Yorks.*, t. II, p. 231, pl. 17, fig. 13.
—	ELEGANS.	A. d'Orbigny, 1840. *Monogr. des Céphal. cryptodib.*, p. 203, pl. 7, fig. 15-18.
—	CLATHRATUS.	A. d'Orbigny, 1840. *Ibid.*, p. 204, pl. 7, fig. 12-14 (non id., pl. 5, fig. 24-27).
—	DECUSSATUS.	L.-G. de Koninck, 1843. *Descr. des anim. foss.*, p. 339, pl. 29, fig. 2 et 3, et pl. 30, fig. 3.
—	—	Portlock, 1843. *Report on the geol. of the county of Londond.*, p. 399, pl. 29, fig. 6.
—	STRIATUS.	Portlock, 1843. *Ibid.*, p. 400, pl. 29, fig. 7-8 (non Ferussac).
—	RETICULATUS.	Mc Coy, 1844. *Syn. of the carb. foss. of Irel.*, p. 25, pl. 2, fig. 5.
—	DECUSSATUS.	Geinitz, 1845. *Grundr. der Verstein.*, p. 258, pl. 10, fig. 3.
—	HYALINUS.	de Ryckholt, 1847. *Mélanges de paléont.*, p. 88, pl. 3, fig. 26-27.
—	DECUSSATUS.	A. d'Orbigny, 1850. *Prodr. de paléont.*, t. I, p. 126.
—	—	J. Morris, 1854. *Cat. of brit. foss.*, p. 287.
—	—	d'Eichwald, 1860. *Lethaea ross.*, t. I, p. 1090.
—	—	Armstrong, 1871. *Trans. of the geol. Soc. of Glasgow*, t. III, suppl., p. 61.

Coquille globuleuse, composée de trois ou quatre tours de spire presque complétement embrassants et ne laissant subsister que d'étroits ombilics, assez profonds lorsqu'ils ne sont pas oblitérés par la callosité de la bouche. Bande carénale relativement assez large, ordinairement un peu convexe ou faiblement carénée; surface ornée d'un grand nombre de petites côtes longitudinales parallèles et subégales entre elles, traversées perpendiculairement par d'autres côtes semblables produites par l'accroissement successif de la coquille. L'ouverture est large et subréniforme; chez les adultes, elle est munie d'une callosité peu épaisse, mais assez étendue pour fermer en partie les ombilics; bord dorsal tranchant, garni d'une fente peu profonde. Test mince et fragile.

Dimensions. — La hauteur de cette espèce dépasse rarement 20 millimètres et sa largeur 18-19 millimètres.

Rapports et différences. — Ce *Bellerophon* est très-voisin de celui que MM. de Verneuil et d'Archiac ont recueilli dans le calcaire dévonien de Paffrath et qu'ils ont cru être identique avec lui; il en diffère néanmoins par une plus grande épaisseur de son test, par l'extension beaucoup plus considérable de la callosité de son ouverture et par la plus grande largeur de sa bande carénale.

Gisement et localités. — Cette espèce se trouve à la fois dans les assises moyennes et supérieures du terrain carbonifère; elle n'est pas rare à Tournai et à Waulsort; beaucoup moins fréquente à Visé; très-commune dans les assises supérieures de l'Écosse, de l'Irlande et de l'Angleterre; très-rare, au contraire, en Russie, où elle n'a encore été signalée que dans le schiste carbonifère de Lissitschanskaya-Balka par M. d'Eichwald. On en a recueilli quelques échantillons à Bleiberg.

2. — BELLEROPHON URII, *Fleming*.

(Pl. IV, fig. 2.)

NANTILUS?		D. Ure, 1793. *Hist. of Rutherg!.*, p. 308, pl. 14, fig. 9.
BELLEROPHON	URII.	Fleming, 1828. *Brit. anim.*, p. 338.
—	—	J. Phillips, 1836. *Geol. of Yorks.*, t. II, p. 231, pl. 17, fig. 11-12.
—	ATLANTOIDES.	A. d'Orbigny, 1840. *Monogr. des Céphalop. cryptodibr.*, pl. 4, fig. 14-19.
—	URII.	Fleming et Portlock, 1843. *Rep. on the geol. of the county of Lond.*, p. 400, pl. 29, fig. 9.
—	D'ORBIGNYI.	Portlock, 1843. *Ibid.*, p. 401, pl. 29, fig. 12.
EUPHEMUS	URII.	Mc Coy, 1844. *Syn. of the carb. foss. of Ireland*, p. 26.
BELLEROPHON	URII.	J. Morris, 1854. *Cat. of brit. foss.*, p. 288.
—	—	Norwood and Pratten, 1854. *Journ. of the Ac. of nat. Sc. of Phil.*, t. III, p. 75, pl. 9, fig. 6.
—	—	Mc Coy, 1855. *Brit. palaeoz. foss.*, p. 555.
—	CARBONARIUS.	Cox, 1857. *Palaeont. report of Kentucky*, t. III, p. 562.
—	BLANEYANUS.	Mc Chesney, 1860. *New palaeoz. foss.*, p. 60, pl. 2, fig. 5.
—	CARBONARIUS.	Geinitz, 1866. *Carbonformation u. Dyas in Nebraska*, p. 6, pl. 1, fig. 8.
—	URII.	Armstrong, 1871. *Trans. of the geol. Soc. of Glasgow*, t. III, suppl., p. 61.
—	CARBONARIUS.	F.-B. Meek, 1872. *Rep. on the palaeont. of East. Nebraska*, p. 224, pl. 4, fig. 16, and pl. 11, fig, 11.

Coquille globuleuse, à ouverture semi-lunaire, peu élevé; ses tours de spire sont fortement embrassants et ne laissent subsister qu'un petit ombilic peu profond et entièrement oblitéré; bord dorsal de l'ouverture tranchant, légèrement épaissi de chaque côté; fente dorsale peu profonde, assez largement ouverte en avant. La moitié terminale de la surface externe de la spire est à peu près complétement lisse, tandis que le restant est orné de petites côtes longitudinales, parallèles entre elles et dont le nombre varie de vingt-deux à trente; l'espace qui les sépare est lisse; ces côtes ne sont pas toujours équidistantes; celles qui correspondent à la bande carénale sont un peu plus minces et un peu moins élevées que les autres; cette bande n'est que faiblement indiquée sur la partie lisse par quelques légères stries, difficilement perceptibles à l'œil nu.

Dimensions. — La taille moyenne est d'environ un centimètre de diamètre.

Rapports et différences. — Ayant eu l'occasion de comparer quelques échantillons américains désignés par M. Cox, sous le nom de *B. carbonarius*, avec un grand nombre d'autres échantillons du véritable *B. Urii* de Fleming des environs de Glasgow, j'ai acquis la conviction qu'il n'existe aucune différence sensible entre eux et qu'ils appartiennent tous à la même espèce. D'un autre côté, je suis très-porté à croire que l'espèce dévonienne identifiée par M. Phillips avec l'espèce carbonifère de Fleming, n'y appartient pas; elle en diffère par la forme crénelée de ses côtes longitudinales et par les stries transverses que l'on observe au fond des sillons qui les séparent les unes des autres.

Gisement et localités. — Cette espèce possède une distribution horizontale très-étendue. Elle est très-abondante dans le schiste et le calcaire carbonifère supérieurs des environs de Glasgow, du Yorkshire, du Derbyshire et de l'Irlande; elle ne l'est pas moins dans les formations analogues du Nebraska, de l'Iowa, du Kansas, du Missouri, de l'Illinois, du Kentucki et de certaines parties du sud-ouest de l'Indiana, aux États-Unis. Elle n'est pas très-rare dans le calcaire carbonifère supérieur de Visé, mais assez peu fréquente dans le calcaire moyen de Waulsort et dans les assises de Bleiberg. Jusqu'ici je ne l'ai pas rencontré dans les assises inférieures de Tournai.

3. — BELLEROPHON TENUIFASCIA, *Sowerby*.

CONCHYLIOLITHUS NAUTILITES? HIULCUS (var. *c*).		Martin, 1809. *Petrific. derb.*, p. 15.
BELLEROPHON	TENUIFASCIA.	Sowerby, 1825. *Miner. conch.*, t. V, p. 109, pl. 470, fig. 2-3.
—	—	Fleming, 1828. *Brit. anim.*, p. 338.
—	—	Deshayes, 1830. *Encycl. méth.*, vers, t. II, p. 134.
—	TENUIFORMIS.	Keferstein, 1834. *Naturg. des Erdk.*, t. II, p. 430.
—	TENUIFASCIA.	J. Phillips, 1836. *Geol. of Yorks.*, t. II, p. 230, pl. 17, fig. 9-10.
—	TENUIFASCIATA.	G.-B. Sowerby, 1842. *Conch. Manual*, p. 309, fig. 486-487.
—	TENUIFASCIA.	L.-G. de Koninck, 1843. *Desc. des anim. foss. du terr. carb. de Belgique*, p. 347, pl. 27, fig. 4.
—	—	Mc Coy, 1844. *Syn. of the carb. foss. of Irel.*, p. 25.
—	—	A. d'Orbigny, 1850. *Prodr. de paléont.*, t. I, p. 126.
—	—	Armstrong, 1871. *Trans. of the geol. Soc. of Glasgow*, t. III, sup., p. 61.

Coquille subglobuleuse, légèrement aplatie sur ses côtés. Avant d'avoir atteint toute sa croissance, elle possède des ombilics larges, en forme d'entonnoir et non carénés à leur pourtour; lorsqu'elle est adulte, les ombilics sont en partie oblitérés par la callosité de la bouche, mais ne sont jamais complétement fermés. L'ouverture est assez grande, subréniforme; son bord dorsal est tranchant et sa fente, quoique très-étroite, est très-profonde. Le test est ordinairement mince et orné d'un très-grand nombre de fines stries d'accroissement, à peine perceptibles à l'œil nu. La bande carénale est extrêmement étroite et fait à peine saillie au-dessus du reste de la surface.

Dimensions. — Diamètre longitudinal : 2 à 3 centimètres; diamètre transverse : 15 à 20 millimètres.

Rapports et différences. — Ce *Bellerophon* se distingue de tous ses congénères par la forme de son ombilic et surtout par celle de sa bande carénale qui est presque linéaire et qui n'est jamais aussi étroite sur aucune autre espèce.

Gisement et localités. — C'est une espèce caractéristique des assises carbonifères supérieures. Elle n'est pas rare à Visé et dans l'Yorkshire. Je n'en ai rencontré qu'un seul échantillon parmi les fossiles de Bleiberg. Il était en trop mauvais état pour être figuré.

FAMILLE : HALIOTIDAE.

GENRE PLEUROTOMARIA, *Defrance.*

1. — PLEUROTOMARIA DEBILIS, *L.-G. de Koninck.*

(Pl. IV, fig. 3.)

Petite coquille turbinée, composée de cinq tours de spire, dont le dernier beaucoup plus développé que les autres, occupe environ les deux tiers de sa longueur totale; celui-ci est aplati en dessus et à bord très-anguleux; la bande du sinus est bien prononcée et située vers le tiers supérieur du tour de spire; son unique ornement consiste en quelques petits tubercules longeant sa partie saturale et faisant fort peu de relief.

Dimensions. — Longueur : 5 millimètres; diamètre transverse du dernier tour : 4,5 millimètres; angle spiral : 85°.

Rapports et différences. — Je ne connais aucune espèce carbonifère qui soit comparable à celle-ci et avec laquelle elle puisse être confondue.

Gisement et localité. — Très-rare à Bleiberg. Je n'en ai vu qu'un seul échantillon.

2. — PLEUROTOMARIA NATICOIDES, *L.-G. de Koninck.*

Pleurotomaria naticoides. L.-G. de Koninck, 1843. *Descr. des anim. foss. du terr. carb. de la Belgique*, p. 405, pl. 31, fig. 8.
— — A. d'Orbigny, 1850. *Prodr. de paléont.*, t. I, p. 124.

Coquille de taille médiocre, composée de sept à huit tours de spire anguleux, à surface inférieure et supérieure déprimée, se recouvrant par moitié et prenant par leur enroulement une forme générale subdiscoïdale; leur bord satural est orné d'un grand nombre de petits plis transverses, un peu obliques ou faiblement arqués, n'atteignant que le tiers de la distance qui sépare le bord satural de la bande du sinus; le restant de la surface est lisse. Le dernier tour de spire est très-développé, convexe en dessus et garni surtout près de la bouche de quelques légères stries d'accroissement. La bande du sinus située sur la partie anguleuse de la spire est assez étroite; elle est limitée par deux très-minces côtes et visible sur tous les tours de spire dont elle longe la suture. La fente est très-profonde et occupe environ le tiers du développement total du dernier tour de spire. L'ombilic est assez large, infundibuliforme et non caréné à sa limite.

Dimensions. — Longueur : environ 1 centimètre; diamètre transverse : environ 16 millimètres; angle spiral : 131°.

Rapports et différences. — Cette espèce se rapproche du *P. striata*, Sow. ou *Hainesi*, Mc Coy, par sa forme générale et par la nature de ses ornements. Elle s'en distingue facilement, parce que ses plis sont beaucoup plus minces, plus nombreux et moins étendus que ceux qui recouvrent la surface de l'espèce que je viens de nommer.

Gisement et localités. — J'ai découvert ce *Pleurotomaria* dans le calcaire de Visé et je l'ai reconnu parmi les espèces qui ont été recueillies aux environs de Glasgow par M. J. Thomson et qui font partie de sa magnifique collection. L'échantillon trouvé à Bleiberg était trop mal conservé pour être figuré, mais je n'ai aucun doute sur son identité spécifique.

3. — PLEUROTOMARIA ACUTA, *J. Phillips.*

PLEUROTOMARIA ACUTA. J. Phillips, 1836. *Geol. of Yorks.*, t. II, p. 228, pl. 15, fig. 21.
— — L.-G. de Koninck, 1843. *Descr. des anim. foss. du terr. carb. de la Belg.*, p. 400, pl. 34, fig. 6.
— — A. d'Orbigny, 1850. *Prodr. de paléont.*, t. I, p. 124.
— — J. Morris, 1854. *Cat. of brit. foss.*, p. 272.

Petite coquille composée de trois à cinq tours de spire arrondis, enroulés en sens inverse de ceux de la plupart des autres espèces; les premiers tours sont souvent déprimés et peu visibles de profil. Leur surface est ornée de petites côtes transverses, simples, arquées et plus ou moins apparentes. La bande du sinus est étroite, un peu creuse et bordée de deux petites carènes peu saillantes; elle n'est visible que sur le dernier tour de spire, dont la partie supérieure porte des côtes un peu différentes de celles qui existent de l'autre côté de la bande; au lieu de rester simples dans toute leur étendue, elles se dédoublent par implantation. L'ombilic est largement ouvert, infundibuliforme; la bouche est subcirculaire.

Dimensions. — Longueur : 6 à 7 millimètres; diamètre transverse : 9-10 millimètres; angle spiral : 103°.

Rapports et différences. — Cette espèce est très-voisine de mon *P. contraria*, dont elle se distingue par son angle spiral, par l'absence de la bande du sinus sur ses premiers tours de spire et par la forme de cette bande.

Gisement et localités. — Anciennement ce *Pleurotomaria* n'était pas très-rare dans le calcaire carbonifère de Visé. Il est peu fréquent dans celui de Settle en Yorkshire. Je n'en connais qu'un seul échantillon provenant des assises de Bleiberg, mais trop mal conservé pour mériter d'être figuré.

Famille : SOLARIDAE.

Genre EUOMPHALUS, *Sowerby*.

EUOMPHALUS CATILLUS, *Martin.*

(Pl. IV, fig. 4.)

Conchyliolithus Helicites catillus.	Martin, 1809. *Petrif. derb.*, p. 18, pl. 17, fig. 1-2.
Euomphalus catillus.	L.-G. de Koninck, 1843. *Descr. des anim. foss. du terr. carb. de la Belg.*, p. 427, pl. 24, fig. 10 (¹).
— —	Mc Coy, 1844. *Syn. of the carb. foss. of Ireland*, p. 35.
Schizostoma —	Bronn. 1848. *Nomenclat. palaeoz.*, p. 1222.
Straparolus —	A. d'Orbigny, 1850. *Prodr. de paléont.*, t. I, p. 120.
Euomphalus —	J. Morris, 1854. *Cat. of brit. foss.*, p. 247.
Straparollus? catillus.	Mc Coy, 1855. *Brit. palaeoz. foss.*, p. 538.
Euomphalus catillus?	d'Eichwald, 1860. *Lethaea rossica*, t. I, p. 1153.

Coquille d'assez grande taille lorsqu'elle a acquis tout son développement, composée de sept ou huit tours de spire non embrassants, s'appliquant directement les uns contre les autres; sa forme ressemble à celle d'une lentille biconcave, dont l'un des côtés correspondant à celui de la spire serait un peu moins creux que le côté opposé correspondant à l'ombilic. La spire dont la section est subtrapézoïdale est bicarénée; ses divers tours sont séparés les uns des autres par un sillon hélicoïdal peu profond. Toute la surface est ornée de stries d'accroissement très-prononcés et très-visibles à l'œil nu. L'ouverture de la bouche est subtrapézoïdale et à peu près aussi haute que large; elle est bisinuée, mais son sinus inférieur est plus profond que le supérieur; sa lèvre extérieure est proéminente et obliquement arrondie.

Dimensions. — La coquille de cet *Enomphalus* peut atteindre un diamètre de 65 millimètres et une hauteur d'environ 22 millimètres.

Rapports et différences. — Cette espèce, quoique voisine de l'*E. calyx,* Phill., s'en distingue facilement par la convexité de la partie extérieure de ses tours de

(¹) Y consulter la synonymie des auteurs dont les ouvrages ont paru avant 1843.

spire comprise entre les deux carènes, par la plus grande concavité de sa spire et par la surface moins régulière de son ombilic.

Gisement et localités. — Cette espèce n'est pas rare dans le calcaire carbonifère de Visé. On la trouve en Angleterre dans le calcaire de même formation de Kendal, de Lowick et de Bolland; en Irlande dans celui d'Armagh. Je doute fort qu'elle existe à Miatchkowa près Moscou, comme l'indique M. d'Eichwald. Je suis loin d'être certain que les fragments de Bleiberg représentés fig. *4b* et *4d* appartiennent réellement à cette espèce. Il ne serait pas impossible que celui de la fig. *4b* ne fût que le moule interne de la dernière loge du *Nautilus subsulcatus*, Phill. Dans ce cas ce serait une espèce à supprimer de la liste des fossiles de Bleiberg.

Famille : PYRAMIDELLIDAE.

Genre MACROCHEILUS, *J. Phillips.*

MACROCHEILUS ACUTUS, *Sowerby.*

(Pl. IV, fig. 9.)

Buccinum. D. Ure, 1793. *Hist. of Rutherg.*, p. 309, pl. 14, fig. 5.
— acutum. Sowerby, 1829. *Miner. conch.*, t. VI, p. 127, pl. 566, fig. 1.
— — J. Phillips, 1836. *Geol. of Yorks.*, t. II, p. 230, pl. 16, fig. 11-21.
— imbricatum. J. Phillips, 1836. *Ibid.*, p. 229, pl. 16, fig. 17, 18, 19, 20 (fig. 9 exclusâ) (non Sowerby).
Macrocheilus acutus. L.-G. de Koninck, 1843. *Descr. des anim. foss. du terr. carb. de la Belg.*, p. 473, pl. 40, fig. 10 et pl. 41, fig. 13.
— — Mc Coy, 1844. *Syn. of the carb. foss. of Irel.*, p. 28.
— ovalis. Mc Coy, 1844. *Ibid.*, p. 29, pl. 5, fig. 3.
Littorina pusilla. Mc Coy, 1844. *Ibid.*, p. 52, pl. 5, fig. 26.
Elenchus antiquus. Mc Coy, 1844. *Ibid.*, p. 42, pl. 5, fig. 18.
Macrocheilus acutus. Geinitz, 1845. *Grundr. der Versteiner.*, p. 379.
— — A. d'Orbigny, 1850. *Prodr. de paléont.*, t. I, p. 117.
— — J. Morris, 1854. *Cat. of brit. foss.*, p. 256.
— — Mc Coy, 1855. *Brit. palaeoz. foss.*, p. 547.
— — J. Gray, 1865. *Biogr. nat. of D. Ure*, p. 51.
— — Armstrong, 1871. *Trans. of the geol. Soc. of Glasg.*, t. III, suppl., p. 57.

Coquille allongée, subfusiforme, à spire régulière, très-pointue, ordinairement composée de neuf ou dix tours légèrement convexes, à surface lisse ou simplement ornée de fines stries d'accroissement ; le dernier tour de spire est très-grand et occupe à peu près à lui seul la moitié de la longueur totale de la coquille. L'ouverture est allongée et subovale. La columelle est garnie d'un petit pli oblique peu prononcé, au-dessus duquel on remarque les traces d'un second moins apparent encore et que l'on ne découvre que sur des échantillons d'une conservation parfaite. La callosité de la bouche est mince et de forme semi-circulaire. Le bord ventral de l'ouverture est tranchant et légèrement sinueux.

Dimensions. — Longueur : 2 à 3 centimètres; diamètre tranverse : 8 à 10 millimètres; angle spiral : 52-53°.

Rapports et différences. — Ne se distingue du *M. imbricatus* que par sa forme plus allongée et par la différence de son angle spiral.

Gisement et localités. — Très-abondant dans le calcaire carbonifère de Visé et dans celui du Yorkshire; rare aux environs de Glasgow et dans l'argile carbonifère de Tournai. Les échantillons de Bleiberg sont en général très-mal conservés et souvent à l'état de moule.

GENRE LOXONEMA, *J. Phillips*.

Quoiqu'il ne soit pas aisé d'assigner des caractères positifs à ce genre et de le distinguer du genre *Chemnitzia* dont il a été considéré comme synonyme par un grand nombre de paléontologistes, je dois avouer néanmoins que ses espèces carbonifères présentent dans leur ensemble un aspect qu'il serait difficile de définir, mais qui, avec un peu d'habitude, permet de les séparer immédiatement des *Chemnitzia* appartenant à des formations plus récentes. Ce motif, qui paraîtra peut-être insuffisant à certains naturalistes, est néanmoins le seul qui m'ait engagé à adopter le nom générique proposé par M. Phillips, parce qu'il a son importance en paléontologie et que l'emploi de ce nom indique immédiatement l'époque géologique à laquelle les espèces appartiennent.

1. — LOXONEMA CONSTRICTA, *Martin*.

(Pl. IV, fig. 5.)

CONCHYLIOLITHUS TURBINITES? CONSTRICTUS. Martin, 1809. *Petrif. derb.*, p. 18, pl. 38, fig. 3.
MELANEA CONSTRICTA. Sowerby, 1821. *Min. conch.*, t. III, p. 33, pl. 218, fig. 2.
TEREBRA? CONSTRICTA. J. de Carle Sowerby, 1834. *Indexes to the miner. conch.*, t. VI, p. 247.
MELANIA CONSTRICTA. J. Phillips, 1836. *Geol. of Yorks.*, t. II, p. 228, pl. 16, fig. 1.

LOXONEMA CONSTRICTA. L.-G. de Koninck, 1843. *Précis élém. de géol.*, par d'Omalius, p. 516.
CHEMNITZIA CONSTRICTA. L.-G. de Koninck, 1843. *Descr. des anim. foss. du terr. carb. de Belg.*, p. 465, pl. 41, fig. 5.
LOXONEMA CONSTRICTA. Mc Coy, 1844. *Syn. of the carb. foss. of Irel.*, p. 30.
— — A. d'Orbigny, 1850. *Prodr. de paléont.*, t. I, p. 117.
? LOXONEMA CONSTRICTA. J. Morris, 1854. *Cat. of brit. foss.*, p. 255.
LOXONEMA CONSTRICTA. Armstrong, 1871. *Trans. of the geol. Soc. of Glasgow*, t. III, suppl., p. 57.

Coquille de taille moyenne, allongée, conique, composée de dix à douze tours de spire, à profil légèrement sinueux occasionné par l'existence d'un faible renflement vers leur partie supérieure; leur bord sutural est orné d'une série de petits renflements ou tubercules allongés produits par l'accroissement successif de la coquille et correspondant ordinairement à des stries très-fines dépendant de la même cause. La bouche est presque circulaire et munie d'une petite callosité du côté de la columelle.

Dimensions. — Longueur : 4 à 5 centimètres; diamètre du dernier tour de spire : 15 à 20 millimètres; angle spiral : 29°.

Rapports et différences. — Je ne connais aucune espèce du même genre qui puisse être confondue avec celle-ci; je ne saisis pas les motifs qui ont pu engager M. Mc Coy à croire qu'elle soit identique avec le *L. tenuistriata*, Portlock, qui s'en distingue cependant aisément par les nombreuses côtes longitudinales dont toute sa surface externe est garnie.

Gisement et localités. — Ce *Loxomena* est une des espèces les plus caractéristiques des assises carbonifères supérieures. On la rencontre assez fréquemment à Visé; elle est, au contraire, très-rare en Angleterre, en Irlande, en Écosse et à Bleiberg. Je ne suis pas encore parvenu à constater sa présence dans les assises carbonifères moyennes et inférieures.

2. — LOXONEMA SIMILIS, *L.-G. de Koninck*.

(Pl. IV, fig. 6.)

LOXONEMA SIMILIS. L.-G. de Koninck, 1843. *Précis élém. de géol.*, par d'Omalius, p. 516.
CHEMNITZIA SIMILIS. L.-G. de Koninck, 1843. *Descr. des anim. foss. du terr. carb. de la Belg.*, p. 465, pl. 41, fig. 5.
LOXONEMA SIMILIS. A. d'Orbigny, 1850. *Prodr. de paléont.*, t. III, p. 117.

Coquille allongée, conique, composée de neuf ou dix tours de spire, à profil sinueux, qui tous, à l'exception du dernier et quelquefois de l'avant-dernier, sont garnis chacun d'une série de treize tubercules allongés, ayant leur origine vers le bord supérieur et s'arrêtant avant d'atteindre le bord spiral inférieur. Toute la surface est ornée de fines stries d'accroissement un peu sinueuses et dont l'existence se manifeste principalement vers le bord sutural inférieur. La columelle est arrondie et garnie d'une callosité qui s'étend en demi-cercle en avant de la bouche.

Dimensions. — Longueur : 6 centimètres ; diamètre transverse du dernier tour : 23 millimètres ; angle spiral : 23°.

Rapports et différences. — Avant d'avoir atteint tout son développement, cette espèce ressemble au *L. rugifera*, Phillips, dont les tubercules sont constants sur tous les tours de spire ; il sera facile de l'en distinguer par la différence de son angle spiral et par celle de sa taille relativement beaucoup plus forte pour le même nombre de tours de spire.

Gisement et localités. — Ce *Loxonema* n'a encore été rencontré que dans les assises carbonifères supérieures de Visé et de Bleiberg. Il y est très-rare.

Famille : NATICIDAE.

Genre NATICOPSIS, *Mc Coy*.

1. — NATICOPSIS STURII, *L.-G. de Koninck*.

(Pl. IV, fig. 7.)

Nerita variata. L.-G. de Koninck, 1843. *Descr. des anim. foss. du terr. carb. de la Belg.*, p. 481, pl. 22, fig. 8 (non Phillips).

Naticodon globosum. de Ryckholt, 1847. *Mélanges de paléont.*, 1re part., p. 79, pl. 3, fig. 12 (non *Natica globosa*, Hœninghaus).

Coquille de forme subovoïde, un peu plus longue que large, à spire courte et à extrémité pointue ; elle est composée de cinq à sept tours de spire convexes, séparés par une suture peu marquée et dont le dernier, occupant à lui seul à peu près les sept huitièmes de la longueur totale de la coquille, enveloppe presque complétement tous les autres. Le test est très-épais ; sa surface, qui a été colorée en noir du vivant de l'animal, est ornée d'un grand nombre de stries d'accroissement assez régulières et disposées obliquement à l'axe principal ; ces stries sont plus prononcées vers le bord sutural que sur le reste de la surface, et ordinairement assez profondes pour y produire une série de petites côtes un peu saillantes. Une forte callosité occupe toute l'étendue comprise entre l'angle sutural de la bouche et l'extrémité supérieure de ce même orifice ; j'ai remarqué sur la partie inférieure de la callosité des jeunes individus, quelques rides transverses qui disparaissent complétement chez les adultes, mais il m'a été impossible, comme au professeur Mc Coy, d'y découvrir la dent conique que M. de Ryckholt prétend y avoir observée et sur la présence de laquelle est basé le principal caractère de son genre *Naticodon*.

Dimensions. — Cette coquille peut atteindre jusqu'à 60 millimètres de long et 54 millimètres de diamètre transverse. La brièveté de la spire ne permet pas d'en déterminer exactement l'angle qui est très-grand.

Rapports et différences. — Je suis d'accord avec M. Mc Coy (1), pour reconnaître que cette espèce est différente de celle que M. Phillips a décrite sous le nom de *Natica variata* avec laquelle je l'ai confondue en 1843. Celle-ci est ordinairement beaucoup plus petite et à test beaucoup plus mince ; sa surface est en outre ornée de stries transverses dont il n'existe pas de traces sur le *N. Sturii ;* enfin sa spire est un peu plus allongée.

J'ai dédié cette espèce au savant qui par ses recherches a fait connaître la géologie de la Styrie.

Gisement et localités. — Ce *Naticopsis* est assez abondant dans le calcaire de Visé. Je l'ai observé dans le calcaire analogue du Yorkshire et de l'Écosse. Il est rare à Bleiberg.

2. — NATICOPSIS PLICISTRIA.

(Pl. IV, fig. 8.)

NATICA GLOBOSA.	Hœninghaus, 1830. *Jahrb. für Miner. und Geol. von Leonhard u. Bronn.*, p. 231.
— —	Davreux, 1832. *Const. geol. de la Prov. de Liége*, p. 271, pl. 8, fig. 1.
— PLICISTRIA.	J. Phillips, 1836. *Geol. of Yorks.*, p. 225, pl. 14, fig. 25.
— —	Portlock, 1843. *Report on the geol. of the county of Londond.*, p. 420, pl. 31, fig. 6-7.
— —	L.-G. de Koninck, 1843. *Descr. des anim. foss. du terr. carb. de la Belg.*, p. 483, pl. 42, fig. 3.
NATICOPSIS PLICISTRIA.	Mc Coy, 1844. *Syn. of the carb. foss. of Irel.*, p. 33.
NATICODON GLOBOSUM.	de Ryckholt, 1847. *Mélanges paléont.*, 1re part., pp. 76 et 79 (fig. exclusâ).
NATICA PLICISTRIA.	A. d'Orbigny, 1850. *Prod. de paléont.*, p. 118.
— —	J. Morris, 1854. *Cat. of brit. foss.*, p. 263.
NATICOPSIS PLICISTRIA.	Mc Coy, 1855. *Brit. palaeoz. foss.*, p. 543.
— —	Armstrong, 1871. *Trans. of the geol. Soc. of Glasgow*, t. III, suppl., p. 59.

(1) *Brit. palaeoz. foss.*, p. 544.

Coquille de taille moyenne, subglobuleuse, faiblement allongée et composée de cinq à sept tours de spire convexes, légèrement déprimés vers le bord sutural; la partie déprimée est garnie d'un grand nombre de petits plis rayonnants faiblement imbriqués, dont les sillons de séparation se confondent en s'allongeant avec les stries d'accroissement qui couvrent le reste de la surface. Les divers tours de spire sont nettement séparés les uns des autres par une petite rainure qui longe la suture. La columelle est plane et ornée, sur les deux tiers inférieurs de son étendue, de petites rides transverses simples ou bifurquées, persistant à tout âge. Le labre est tranchant sur toute son étendue, quoique muni d'une petite callosité à son angle sutural. La bouche est grande, subsemi-lunaire. Le test est beaucoup plus mince que celui de l'espèce précédente; la surface en a été probablement colorée en noir (1).

Dimensions. — Longueur : 20-30 millimètres; diamètre transverse : 16-25 millimètres; angle spiral : 110°.

Rapports et différences. — Elle se distingue de la précédente par la plus faible épaisseur de son test, par sa forme un peu plus allongée, par ses tours de spire mieux marqués et par l'ouverture de son angle spiral.

Gisement et localités. — Ce *Naticopsis* n'est pas rare à Visé, dans le Yorkshire, en Irlande et en Écosse. Je n'en connais qu'un seul échantillon de Bleiberg.

Classe : CEPHALOPODAE.

Ordre : TETRABRANCHIATA.

Famille : NAUTILIDAE.

Genre NAUTILUS, *Breynius.*

Ce genre est du petit nombre de ceux dont quelques espèces ont fait leur apparition à la surface de notre globe, pendant la période silurienne et qui n'a pas cessé

(1) D'après M. Mc Coy, les ornements de la surface consisteraient en deux ou plusieurs rangées de grandes taches oblongues, brunes et blanchâtres, que je n'ai jamais eu l'occasion d'observer sur les échantillons belges.

d'avoir des représentants à toutes les époques géologiques qui se sont succédé depuis, sans en excepter même l'époque actuelle.

La plupart des espèces carbonifères se distinguent des espèces plus récentes, non-seulement par l'énorme développement de leur ombilic souvent percé à jour, mais encore par la forme anguleuse ou carénée de leurs tours de spire, qui, s'enroulent les uns sur les autres sans s'envelopper mutuellement et dont souvent l'extrémité de la dernière loge se détache du tour de spire qui la précède et se prolonge en avant à la manière des *Lituites*. Ces coquilles forment un groupe assez bien défini, auquel M. Mc Coy a appliqué le nom de *Discites* et que quelques auteurs ont élevé au rang de genre. L'unique espèce de *Nautilus* dont les assises de Bleiberg m'aient fourni quelques fragments appartient à ce groupe.

NAUTILUS (DISCITES) SUBSULCATUS, *J. Phillips.*

(Pl. IV, fig. 10.)

NAUTILUS SUBSULCATUS.	J. Phillips, 1836. *Geol. of Yorks.*, t. II, p. 233, pl. 17, fig. 18-25 (non J. de C. Sowerby).
— —	Portlock, 1843. *Report on the geol. of the county of Londond.*, p. 405.
— —	L.-G. de Koninck, 1843. *Descript. des anim. foss.*, p. 548, pl. 30, fig. 6, pl. 47, fig. 9 et pl. 49, fig. 4.
NAUTILUS (DISCITES) SUBSULCATUS.	Mc Coy, 1844. *Syn. of the carb. foss. of Ireland*, p. 19.
— SUBSULCATUS.	A. d'Orbigny, 1850. *Prod. de paléont.*, t. I, p. 110.
— (DISCITES) SUBSULCATUS.	J. Morris. 1854. *Cat. of brit. foss.*, p. 309.
— SUBSULCATUS?	d'Eichwald, 1860. *Lethaea rossica*, t. I, p. 1312, pl. 49, fig. 21.

Coquille subdiscoïdale, comprimée latéralement et composée de trois ou quatre tours de spire, dont la section est de forme hexagonale; les côtés latéraux de cet hexagone sont beaucoup plus développés que les autres et sont à peu près parallèles entre eux; ce parallélisme existe aussi entre les côtés ventral et dorsal; ce dernier se rattache aux côtés latéraux à angle droit : il est orné de deux carènes bien prononcées, limitant un espace médian un peu creux sur toute la longueur de la spire, mais principalement sur le dernier tour; entre ces carènes et les angles extérieurs, on aperçoit une petite côte filiforme, faisant à peine saillie. Les côtés latéraux sont formés de deux parties, formant entre elles un angle très-obtus; leur partie inférieure est beaucoup moins développée que la supérieure et sert à produire l'ombilic. Celui-ci est très-grand, très-ouvert et largement perforé. Toute la surface est garnie de stries fines et régulières d'accroissement, un peu plus prononcées sur les parties anguleuses que sur le reste de la coquille, et indiquant parfaitement la forme sinuée de la bouche.

Les cloisons sont moyennement distantes les unes des autres et régulièrement bombées, quoique leur partie dorsale soit assez fortement sinuée. La dernière loge est très-grande et occupe presque la moitié du dernier tour de spire. Le siphon est assez étroit et subdorsal.

Dimensions. — Cette espèce peut acquérir un diamètre de 9 centimètres; le diamètre moyen est d'environ 5 centimètres. J'ai pu constater que le rapport de ce diamètre est à la hauteur et à l'épaisseur du dernier tour de spire, ainsi qu'au diamètre de l'ombilic, comme 100 : 40 : 30 : 47.

Rapports et différences. — Le *Nautilus bicarenus*, de Verneuil, ou *N. Verneuilanus*, A. d'Orbigny, se distingue facilement de celui-ci, par la forme beaucoup moins anguleuse du côté dorsal de sa spire. La plupart des autres espèces qui ont quelques rapports avec lui en diffèrent par l'existence de côtes ou de carènes latérales, dont il est entièrement exempt.

Gisement et localités. — M. J. Phillips a découvert cette espèce dans le calcaire carbonifère supérieur de Bolland en Yorkshire; Portlock et M. Mc Coy ont constaté sa présence en Irlande. J'en ai trouvé quelques bons échantillons dans le calcaire de Visé et je n'ai aucun doute que le moule extérieur de Bleiberg qui a été figuré n'appartienne à la même espèce. Elle est rare partout.

Division : ANNULOSA.

Classe : CRUSTACEA.

Ordre : TRILOBITA.

Famille : PROETIDAE.

Genre PHILLIPSIA, *Portlock*.

Il serait assez difficile de se prononcer d'une manière absolue sur le genre auquel appartient le seul fragment de *Trilobite* qui ait été rencontré parmi les fossiles de Bleiberg. L'état défectueux dans lequel il se trouve ne me permet pas de rien décider à cet égard. Néanmoins il est probable qu'il appartient au genre *Phillipsia* plutôt qu'aux genres *Griffithides* ou *Jonesia*, par la raison que la plupart des espèces de ces derniers genres sont couvertes de petits tubercules et que ceux-ci font complétement défaut dans le fragment de Bleiberg, représenté pl. IV, fig. 11.

RÉSUMÉ GÉOLOGIQUE.

Les espèces qu'il m'a été possible de reconnaître parmi les fossiles recueillis dans le schiste de Carinthie sont au nombre de quatre-vingts. Cinquante-sept de ces espèces, ou un peu plus des deux tiers, ont pu être identifiées avec des formes déjà connues; elles ont été décrites sous les noms qu'elles ont reçus des divers auteurs qui, les premiers, en ont fait mention; l'obligation dans laquelle je me suis trouvé de créer des noms nouveaux pour les vingt-trois espèces encore inconnues, m'a fourni l'occasion d'en dédier quelques-unes aux savants illustres dont l'Autriche s'honore et dont les recherches ont contribué, pour une large part, aux belles découvertes géologiques et paléontologiques qui, depuis un quart de siècle, se sont effectuées dans cet Empire.

A l'exception de trois qui paraissent être *récurrentes,* toutes ces espèces appartiennent exclusivement au terrain carbonifère; la plupart même ne se trouvent que dans les assises supérieures de ce terrain, au nombre desquelles on compte les couches calcareuses des environs de Visé, en Belgique; de Glasgow, en Écosse; de Cork, en Irlande, et de Richmond, de Bolland et de Settle, en Yorkshire. Il résulte de cette observation que le schiste de Bleiberg et le calcaire qui y est subordonné doivent être considérés comme représentant ces couches calcareuses dans les Alpes et qu'il ne peut y avoir le moindre doute sur l'époque géologique à laquelle ce dépôt fossilifère s'est produit; je crois inutile d'insister davantage sur ce sujet.

Mais ce dépôt n'est pas le seul dont l'existence ait été constatée dans les Alpes; depuis le temps déjà assez reculé où il a été reconnu pour la première fois par Sedgwick et Murchison, quelques géologues autrichiens (1) en ont signalé des lambeaux dans diverses autres localités et principalement à l'est et à l'ouest de Bleiberg.

Plusieurs espèces d'animaux, dont je n'ai pas rencontré de traces à Bleiberg, y ont été signalées; c'est ainsi que M. Stur dit avoir trouvé le *Spirifer striatus*, Martin, à l'est de Tröpelach (2); l'*Orthoceras cinctum*, Sowerby, le *Conocardium alaeforme*, Sowerby, le *Cyathophyllum plicatum*, Goldfuss, et quelques nouvelles formes de *Chemnitzia* et de *Spirifer* sur les frontières de la Carinthie et de la Vénétie (3). Il est probable que des recherches ultérieures contribueront à enrichir encore la faune carbonifère dont je viens d'esquisser les formes principales, et que la différence qui existe entre le nombre de ces formes et celui des espèces signalées en Belgique et en Angleterre dans des assises appartenant à un même horizon géologique, tendra de plus en plus à disparaître.

(1) Au nombre des savants qui ont surtout contribué à ces découvertes, je citerai : MM. le chevalier F. von Hauer, Lipold, Stur, de Morlot, Peters et Rolle.

(2) D. Stur, *Geologie der Steirmarck*, p. 143.

(3) Idem. *Ibid.*, p. 144. Je crois devoir faire observer que le Polype désigné sous le nom de *Cyathophyllum plicatum* est probablement différent de l'espèce décrite sous ce nom par le savant professeur de Bonn, d'après un échantillon provenant des assises dévoniennes moyennes de l'Eifel.

TABLE DES MATIÈRES.

EXPLICATION DES PLANCHES.

NOTA. — A moins d'indication contraire, tous les échantillons sont représentés de grandeur naturelle; tous ceux dont le lieu de provenance n'est pas indiqué sont de Bleiberg.

EXPLICATION DE LA PLANCHE I.

	Pages.
Fig. 1. BORNIA RADIATA, *Brongniart*	6
a. Échantillon vu de face.	
b. Partie grossie du même.	
— 2. ZAPHRENTIS INTERMEDIA, *L.-G. de Koninck*	9
a. Moule interne du calice.	
b. Échantillon complet de Tournai, vu de face	
c. Le même vu de profil.	
— 3. FENESTELLA PLEBEIA, *Mc Coy*	11
a. Échantillon vu de face.	
b. Partie grossie du même.	
— 4. DIPHTEROPORA REGULARIS, *L.-G. de Koninck*	13
a. Échantillon attaché à une tige de Crinoïde.	
b. Le même grossi.	
— 5. ARCHÆOPORA NEXILIS, *L.-G. de Koninck*	10
a. Échantillon vu de face.	
b. Le même grossi.	
— 6-10. Fragments de tiges de Crinoïdes.	
— 11. PRODUCTUS MEDUSA, *L.-G. de Koninck*	24
Échantillon vu du côté de la valve ventrale.	
— 12. PRODUCTUS GIGANTEUS, *Martin*	17
a. Échantillon vu du côté de la valve ventrale.	
b. Autre échantillon vu du même côté.	
— 13. PRODUCTUS LATISSIMUS, *Sowerby*	19
Échantillon vu du côté de la valve dorsale et légèrement redressé.	

	Pages.
Fig. 14. PRODUCTUS FLEMINGII, *Sowerby*	24
a. Échantillon vu du côté de la valve ventrale.	
b. Moule interne d'un autre échantillon vu du côté de la valve dorsale.	
— 15. PRODUCTUS CORA, *A. d'Orbigny*	20
Échantillon vu du côté de la valve ventrale	
— 16. PRODUCTUS SCABRICULUS, *Martin*	27
Échantillon vu du côté de la valve dorsale et légèrement redressé.	
— 17. PRODUCTUS BUCHIANUS, *L.-G. de Koninck*	34
a. Moule externe de la valve dorsale.	
b. Moule interne de la même.	
— 18. PRODUCTUS FIMBRIATUS, *Sowerby*	32
a. Échantillon vu du côté de la valve ventrale.	
b. Le même vu du côté opposé.	
— 19. PRODUCTUS PUNCTATUS, *Martin*	30
a. Moule interne vu du côté de la valve ventrale.	
b. Le même vu du côté opposé et montrant une large aréa.	
— 20. PRODUCTUS ACULEATUS, *Martin*	35
a. Échantillon vu du côté de la valve ventrale.	
b. Autre échantillon vu du même côté.	
c. Jeune individu vu du même côté.	
— 21. PRODUCTUS PUSTULOSUS, *Phillips*	29
a. Moule interne de la valve ventrale.	
b. Moule interne de la valve dorsale.	

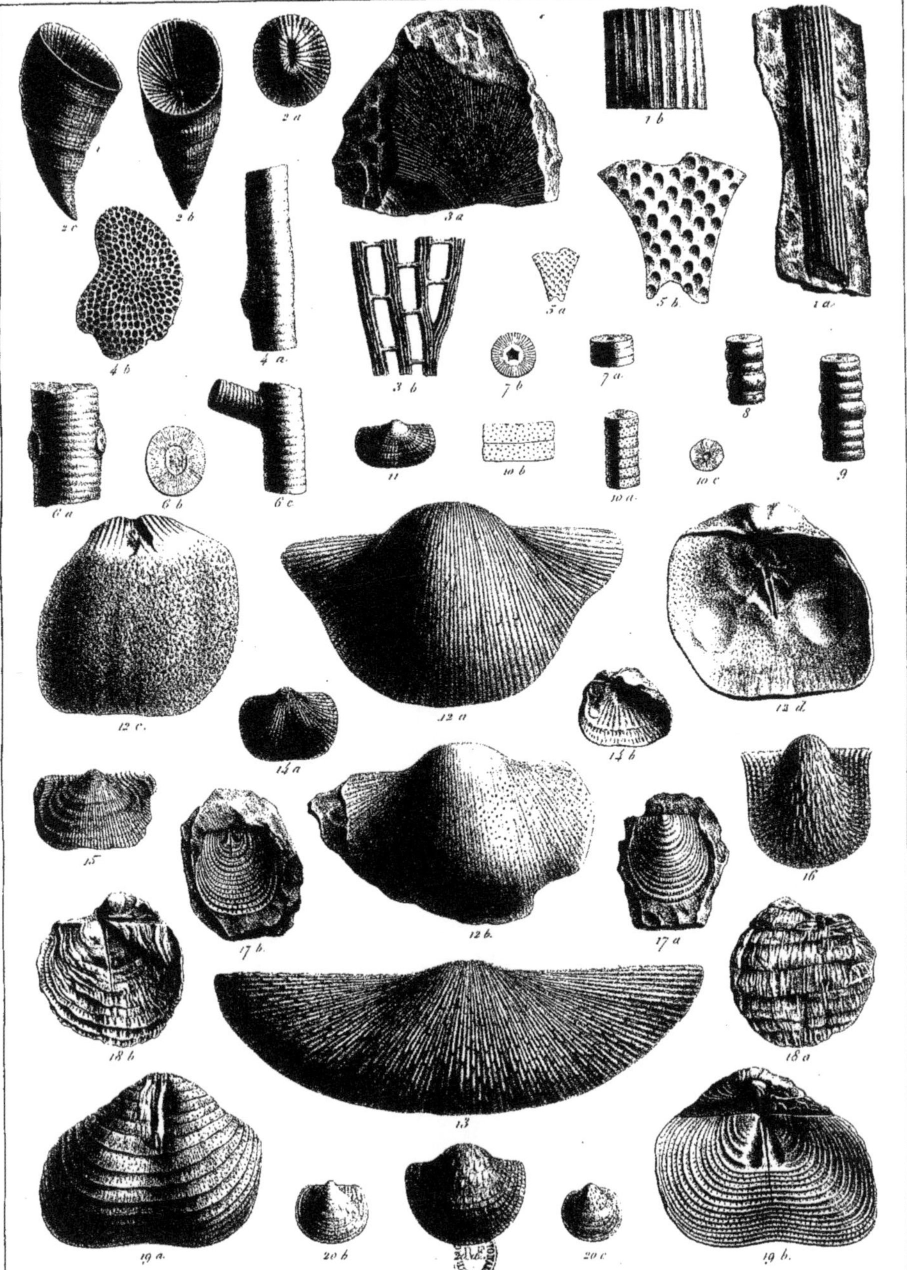
2 c
2 b
2 a
3 a
1 b
1 a
4 b
4 a
3 b
5 a
5 b
7 b
7 a
8
9
6 a
6 b
6 c
11
10 b
10 a
10 c
12 c
12 a
12 d
14 a
14 b
15
16
17 b
12 b
17 a
18 b
13
18 a
19 a
20 b
20 c
19 b

EXPLICATION DE LA PLANCHE II.

Pages.

Fig. 1. CHONETES BUCHIANA, *L.-G. de Koninck*. 37
a. Échantillon vu du côté de la valve ventrale.
b. Partie grossie du même.

— 2. CHONETES LAGUESSIANA, *L.-G. de Koninck*. . . . 39
a. Échantillon vu du côté de la valve ventrale.
b. Partie grossie du même.
c. Surface interne d'une valve dorsale.

— 3. CHONETES KONINCKIANA ? *v. Semenow* 41
Échantillon vu du côté de la valve ventrale.

— 4. ORTHOTETES CRENISTRIA, *Phillips*. 44
a. Échantillon vu du côté de la valve dorsale.
b. Échantillon de Visé, vu du même côté.
c. Partie grossie du même.

— 5. ORTHIS RESUPINATA, *Martin* 47
a. Échantillon vu du côté de la valve ventrale et montrant les empreintes musculaires de cette valve.
b. Échantillon de Visé, vu du côté opposé.

— 6. SPIRIFER BISULCATUS, *Sowerby* 61
a. Échantillon déformée, vu du côté de la valve ventrale.
b. Moule interne de la même valve, provenant d'un autre échantillon.

— 7. SPIRIFER BISULCATUS, *Sowerby*, var. 61
a. Échantillon vu du côté de la valve ventrale.
b. Moule interne de la même valve, provenant d'un autre échantillon.

— 8. SPIRIFER OVALIS, *Phillips*. 60
a. Échantillon vu du côté de la valve dorsale.
b. Échantillon de Visé, vu du même côté.
c. Le même vu du côté opposé.
d. Le même vu du côté des crochets.

Pages.

Fig. 9. SPIRIFER PECTINOIDES, *L.-G. de Koninck*. . . . 63
a. Fragment vu du côté de la valve ventrale.
b. Autre fragment vu du côté opposé.
c. Échantillon de Visé, vu du côté de la valve dorsale.
d. Le même vu du côté opposé.

— 10. SPIRIFER HAUERIANUS, *L.-G. de Koninck* 63
a. Moule interne de la valve ventrale.
b. Échantillon de Visé, vu du côté de la valve dorsale.
c. Le même vu du côté opposé.

— 11. SPIRIFER LINEATUS, *Martin* 55
Échantillon vu du côté de la valve dorsale.

— 12. SPIRIFER GLABER, *Martin* 57
a. Moule interne de la valve ventrale.
b. Échantillon vu du côté de la valve dorsale.
c. Le même vu du côté de la valve ventrale.

— 13. ATHYRIS AMBIGUA, *Sowerby*. 53
a. Échantillon vu du côté de la valve dorsale.
b. Le même vu du côté opposé.
c. Le même vu du côté du front.

— 14. RHYNCHONELLA ACUMINATA, var. ? *Martin* 49
a. Échantillon vu du côté de la valve dorsale.
b. Le même vu du côté opposé.
c. Le même vu du côté du front.

— 15. RHYNCHONELLA PLEURODON, *Phillips*. 50
a. Échantillon déformé, vu du côté de la valve ventrale.
b. Échantillon de Visé, vu du côté du front.
c. Le même vu du côté de la valve ventrale.

— 16. TEREBRATULA SACCULUS, *Martin*, var. HASTATA . . 65
a. Échantillon vu du côté de la valve ventrale.
b. Autre échantillon vu du côté opposé.

EXPLICATION DE LA PLANCHE III.

	Pages.
Fig. 1. SANGUINOLITES PARVULA, *L.-G. de Koninck* . . .	73
a. Échantillon vu du côté de la valve droite.	
b. Le même grossi.	
— 2. SANGUINOLITES UNDATUS, *Portlock*	74
Échantillon vu du côté de la valve droite.	
— 3. EDMONDIA HAIDINGERIANA, *L.-G. de Koninck* . .	68
Échant. vu du côté de la valve gauche et montrant l'empreinte de la charnière de la valve opposée.	
— 4. CARDIOMORPHA TENERA, *L.-G. de Koninck* . . .	70
— 5. CARDIOMORPHA SUBREGULARIS, *L.-G. de Koninck*.	71
Échantillon vu du côté de la valve droite. (Cet échantillon a été figuré en sens inverse.)	
— 6. CARDIOMORPHA CONCENTRICA, *L.-G. de Koninck* .	70
Échantillon vu du côté de la valve gauche.	
— 7. PLEUROPHORUS ? INTERMEDIUS, *L.-G. de Koninck*.	75
Fragment de la valve droite.	
— 8. ASTARTELLA ? REUSSIANA, *L.-G. de Koninck* . .	76
Échantillon vu du côté de la valve droite.	
— 9. LEDA CARINATA ? *Mc Coy*	80
a. Échantillon vu du côté de la valve droite.	
b. Le même grossi.	
— 10. TELLINOMYA RECTANGULARIS, *Mc Coy*	82
Échantillon vu du côté de la valve droite.	
— 11. SCALDIA CARDIIFORMIS, *L.-G. de Koninck* . . .	72
a. Échantillon vu du côté de la valve gauche.	
b. Charnière d'une valve droite de Tournai.	
— 12. NIOBE LUCINIFORMIS, *L.-G. de Koninck*	78
a. Échantillon vu de la valve gauche.	
b. Le même vu du côté des crochets.	
— 13. NIOBE NUCULOIDES, *Mc Coy*.	78
a. Échantillon vu du côté de la valve gauche.	
b. Moule interne grossi, vu du côté des crochets.	
— 14. NIOBE ELONGATA, *L.-G. de Koninck*	79
Échantillon vu du côté de la valve droite.	
— 15. ARCA ANTIRUGATA, *L.-G. de Koninck*.	83
Échantillon vu du côté de la valve droite.	
— 16. ARCA PLICATA, *L.-G. de Koninck*.	84
a. Échantillon vu du côté de la valve droite, montrant une partie de la charnière.	
b. Le même grossi.	
— 17. TELLINOMYA Mc COYANA, *L.-G. de Koninck*. . .	81
a. Échantillon vu du côté de la valve droite, montrant une partie de l'empreinte de la charnière.	
b. Le même grossi.	
c. Charnière restaurée et grossie.	
Fig. 18. TELLINOMYA GIBBOSA, *Fleming*.	82
Échantillon vu du côté de la valve gauche.	
— 19. PECTEN (PSEUDAMUSSIUM) BATHUS, *A. d'Orbigny*. .	94
Échantillon vu du côté de la valve gauche.	
— 20. AVICULOPECTEN CONCENTRICO-STRIATUS, *Mc Coy* . .	87
a. Échantillon vu du côté de la valve gauche.	
b. Partie grossie du même.	
— 21. AVICULOPECTEN BARRANDIANUS, *L.-G. de Koninck*.	87
a. Échantillon vu du côté de la valve gauche.	
b. Partie grossie du même.	
— 22. AVICULOPECTEN ANTILINEATUS, *L.-G. de Koninck* .	86
a. Échantillon normal, vu du côté de la valve gauche.	
b. Autre échantillon un peu déformé.	
— 23. AVICULOPECTEN DEORNATUS, *Phillips*.	85
Échantillon vu du côté de la valve gauche.	
— 24. AVICULOPECTEN PARTSCHIANUS, *L.-G. de Koninck* .	88
a. Échantillon vu du côté de la valve gauche.	
b. Le même grossi.	
— 25. AVICULOPECTEN SUBFIMBRIATUS, *de Verneuil* . . .	91
Échantillon vu du côté de la valve droite.	
— 26. AVICULOPECTEN FITZINGERIANUS, *L.-G. de Koninck*.	88
a. Échantillon vu du côté de la valve gauche.	
b. Le même grossi.	
— 27. AVICULOPECTEN HÖRNESIANUS, *L.-G. de Koninck*.	89
a. Échantillon vu du côté de la valve droite	
b. Le même grossi.	
c. Échantillon de Visé, grossi.	
— 28. AVICULOPECTEN HAIDINGERIANUS, *L.-G. de Koninck*.	91
a. Échantillon vu du côté de la valve droite.	
b. Le même grossi.	
— 29. AVICULOPECTEN INTORTUS, *L.-G. de Koninck*. . .	89
Échantillon vu du côté de la valve droite.	
— 30. AVICULOPECTEN ARENOSUS, *Phillips*	90
a. Échantillon vu du côté de la valve gauche.	
b. Le même grossi.	
c. Partie du même, fortement grossie.	
— 31. LIMA INTERSECTA, *L.-G. de Koninck*	92
a. Échantillon vu du côté de la valve gauche, dessinée en sens inverse.	
b. Partie grossie du même.	
— 32. LIMA HAUERIANA, *L.-G de Koninck*	93
a. Échantillon vu du côté de la valve droite.	
b. Le même grossi.	

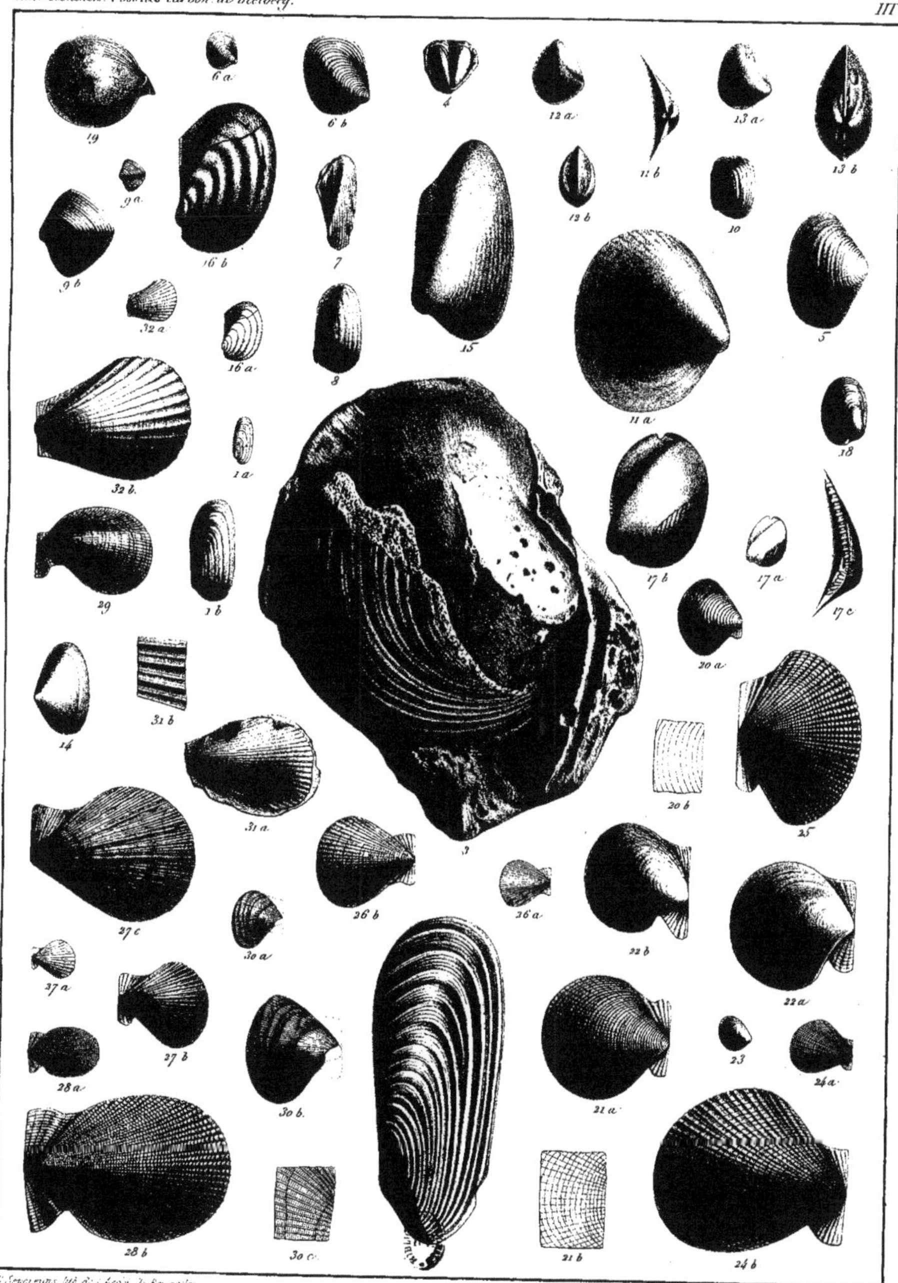

G. Severeyns, lith. de l'Acad. de Bruxelles

G. Severeyns ad nat. del. & lith.

EXPLICATION DE LA PLANCHE IV.

	Pages.
Fig. 1. Bellerophon decussatus, *Fleming*	97
a. Échantillon vu du côté dorsal	
b. Le même vu du côté opposé.	
c. Partie grossie du même.	
d. Échantillon de Tournai, vu de profil.	
e. Le même vu du côté de la bouche.	
— 2. Bellerophon Urii, *Fleming*	98
a. Échantillon un peu comprimé, vu obliquement.	
b. Échantillon régulier de Visé, vu du côté de la bouche.	
c. Le même vu de profil.	
d. Le même vu du côté dorsal.	
— 3. Pleurotomaria debilis, *L.-G. de Koninck* . . .	100
a. Échantillon vu de profil.	
b. Le même grossi.	
— 4. Euomphalus catillus, *Martin*.	103
a. Empreinte extérieure du dernier tour de spire?	
b. Moule intérieur du même?	
c. Échantillon de Visé, vu du côté de la bouche.	
d. Le même vu du côté de la spire.	
e. Le même vu du côté de l'ombilic.	
Fig. 5. Loxonema constricta, *Martin*.	105
Échantillon vu de profil.	
— 6. Loxonema similis, *L.-G. de Koninck*	106
Échantillon vu de profil.	
— 7. Naticopsis Sturii, *L.-G. de Koninck*	107
a. Échantillon vu du côté dorsal.	
b. Le même grossi, vu du même côté.	
c. Échantillon de Visé, vu du côté de la bouche.	
— 8. Naticopsis plicistria, *Sowerby*	108
a. Échantillon un peu déformé, vu du côté dorsal.	
b. Échantillon normal de Visé, vu du côté de la bouche.	
— 9. Macrocheilus acutus, *Sowerby*	109
Moule intérieur, vu du côté dorsal.	
— 10. Nautilus (Discites) subsulcatus, *Phillips*. . .	110
a. Empreinte extérieure du dernier tour de spire.	
b. Échantillon de Visé, vu de profil.	
c. Le même vu du côté de la bouche.	
— 11. Phillipsia ?	111
Fragment de pygidium.	

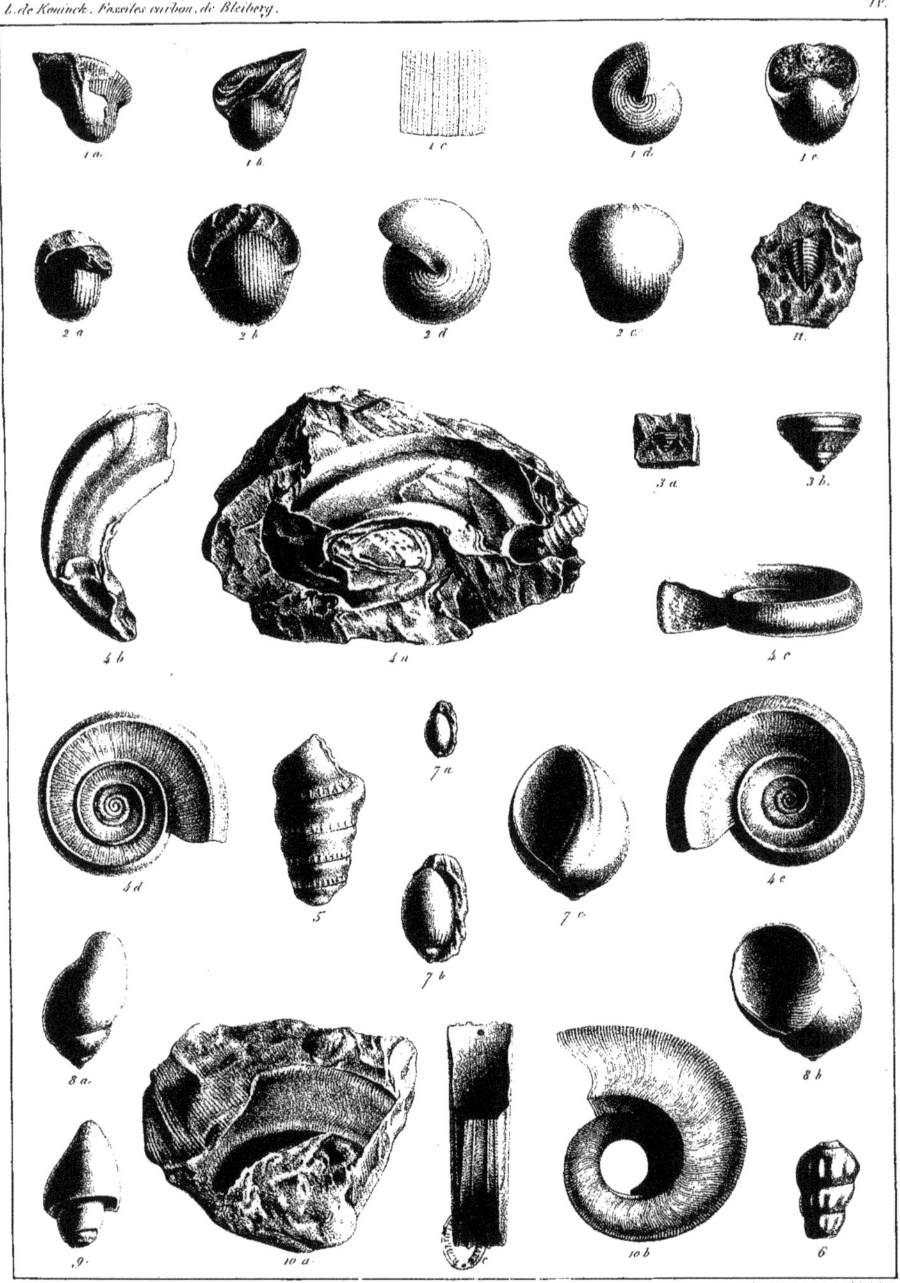
1 a
1 b
1 c
1 d
1 e
2 a
2 b
2 d
2 c
11.
3 a
3 b.
4 b
4 a
4 c
4 d
5
7 a
7 c
7 b
4 e
8 a.
8 b
9.
10 a
10 b
6

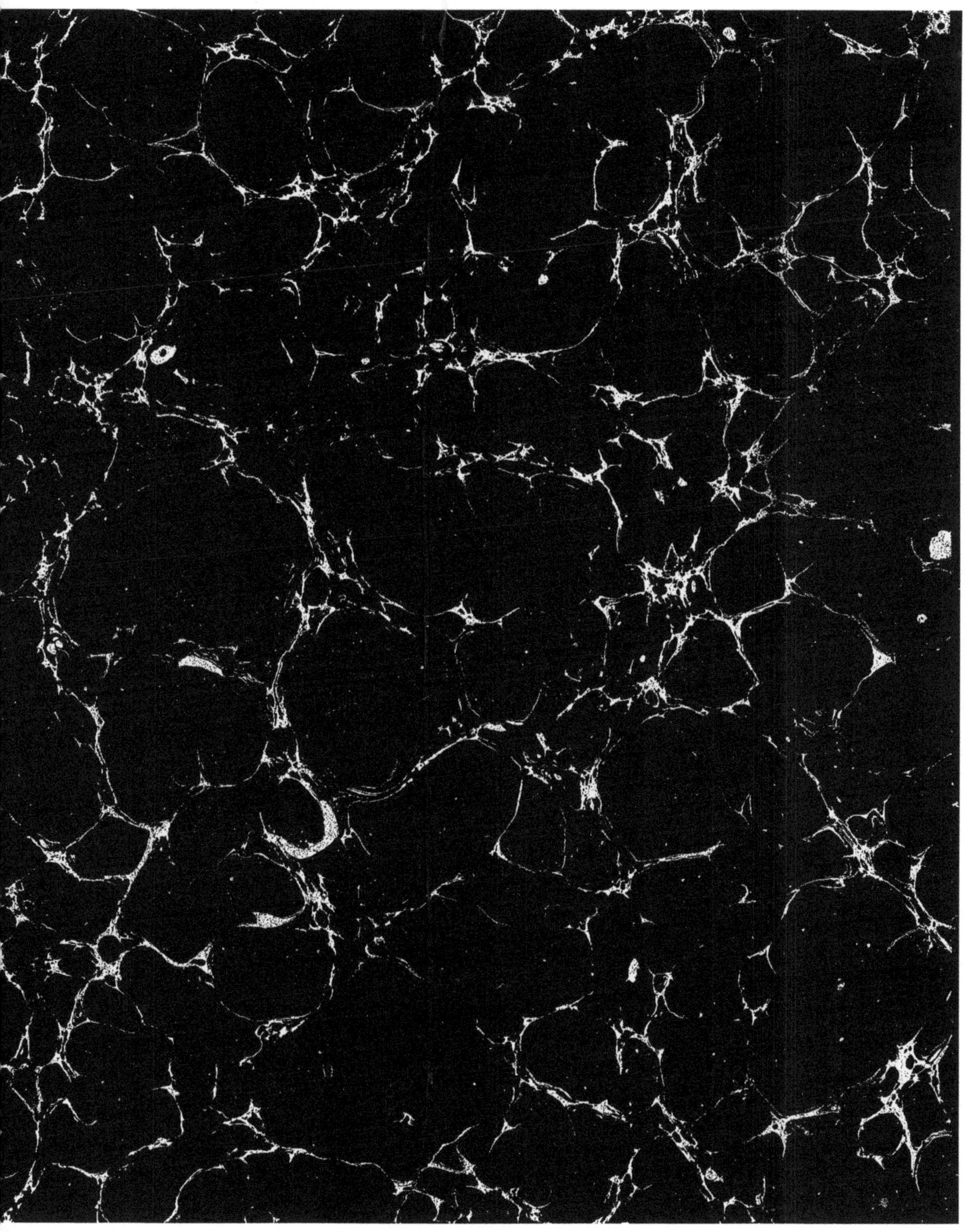